Gábor Paál

Warum fallen Wolken nicht vom Himmel?

Gábor Paál

Warum fallen Wolken nicht vom Himmel?

Frag den Paál!
Aha-Effekte für Neugierige

S. Hirzel Verlag

Ein Markenzeichen kann warenrechtlich geschützt sein, auch wenn ein Hinweis auf etwa bestehende Schutzrechte fehlt.

Bibliografische Information der Deutschen Nationalbibliothek
Die Deutsche Nationalbibliothek verzeichnet diese Publikation in der Deutschen Nationalbibliografie; detaillierte bibliografische Daten sind im Internet unter https://portal.dnb.de abrufbar.

ISBN 978-3-7776-2758-8 (Print)
ISBN 978-3-7776-2766-3 (E-Book, PDF)

Birkenwaldstraße 44, 70191 Stuttgart

Printed in Germany

Einbandgestaltung: deblik, Berlin unter Verwendung eines Fotos von olly/Fotolia.com und einer Grafik von OmniArt/shutterstock
Satz: abavo GmbH, Buchloe
Druck und Bindung: Druckerei Kösel, Krugzell

www.hirzel.de

Inhaltsverzeichnis

Der Weltraum, fern und nah

Woher wissen wir, wie die Milchstraße von „außen" aussieht, wenn wir doch mittendrin sind?

Wenn Sie ein Bild sehen, das die Milchstraße von außen zeigt, dann kann es sich logischerweise nicht um eine „Originalaufnahme" handeln – schließlich war noch kein irdischer Fotograf so weit draußen. Trotzdem lassen sich mehr oder weniger realistische Projektionen erstellen auf der Basis dessen, was die Astronomen heute über die Verteilung der Sterne wissen. Das ist so wie die Menschen schon vor dem Satellitenzeitalter Landkarten zeichnen konnten. Landkarten zeigen die Welt, wie sie „von oben" aussehen würde – um sie zu zeichnen, genügen trotzdem Informationen, die man unten auf der Erde sammelt.

Anderes Beispiel: Wenn ich in einem Wald stehe und lauter Bäume sehe und anhand von Peil-Messungen die Position jedes Baums bestimmen kann, kann ich eine Karte der Bäume zeichnen und somit eine Karte des Waldes „von oben". Und so ist das mit der Milchstraße auch. Astronomen können in den Himmel blicken, sie können die Sterne und ihre jeweiligen Entfernungen von der Erde bestimmen, anhand dieses Wissens Himmelskarten zeichnen und mithilfe von Computern ausrechnen, wie die Milchstraße von außen aussehen müsste. Aber fotografiert hat das natürlich noch niemand – außer vielleicht außerirdische Zivilisationen, von denen wir noch nichts wissen.

Wird es irgendwann, solche Aufnahmen geben? Es sind ja schon diverse Raumsonden im Weltall unterwegs.

Bei den Sonden, die heute unterwegs sind, dürfen wir keine große Hoffnung haben. Am ehesten kämen ja die Voyager-Raumsonden in Betracht, die 1977 auf ihren Weg ins All geschickt wurden. Aber die haben es bisher gerade mal an den Rand des Sonnensystems geschafft. Voyager 1 hat im Jahr 1990 ein sogenanntes „Familienporträt" unseres Sonnensystems aufgenommen. Es zeigt immerhin 6 der 8 Planeten. Doch das ist im Moment das Höchste der Gefühle in Bezug auf „Blicke von außen". Voyager 1 hat 2013 gerade mal die Heliosphäre verlassen – den inneren Bereich des Sonnensystems –, insofern ist in den nächsten Jahren vielleicht noch mehr zu erwarten. Dass Voyager-Sonden irgendwann auch mal die Milchstraße verlassen könnten und ein Foto von außen machen – das werden wir leider nicht erleben.

Rein rechnerisch müssten die Sonden bei ihrer jetzigen Geschwindigkeit noch viele Milliarden Jahre unterwegs sein und höchstwahrscheinlich werden sie auch dann die Milchstraße nicht verlassen, sondern zu einem Teil von ihr werden – sprich, wie die Sonne und all die anderen Sterne der Milchstraße um deren Zentrum kreisen. Sie werden uns dann auch keine Fotos mehr schicken, denn die Raumfahrtbehörden rechnen damit, dass wir ca. 2020 den Kontakt zu ihnen verloren haben werden.

Kommen Neutrinos, die durchs Weltall fliegen, irgendwann irgendwo an?

Irgendwo, irgendwann – aber viel genauer lässt sich das nicht bestimmen.

Neutrinos sind Teilchen, die meist dann entstehen, wenn mit Atomkernen etwas passiert; wenn Atomkerne sich verändern, zerfallen oder – bei einer Kernfusion – verschmelzen. Neutrinos entstehen deshalb in Kernkraftwerken ebenso wie in der Sonne oder anderen Sternen. Diese Teilchen sind sehr schwer nachzuweisen. Das liegt daran, dass sie nur sehr selten mit etwas reagieren. Oder, wie Physiker sagen: wechselwirken.

Wenn ich Neutrinos nachweisen will, müssen sie eine Spur hinterlassen – und da ist es, wie wenn Sie Fußspuren im Sand hinterlassen: Ihre Fußspuren entstehen, weil Ihr Fuß mit dem Sand „wechselwirkt" – in dem Sinn, dass der Sand nachgibt und seine Form verändert. Würde der Sand das nicht tun, würden Sie keine Spur hinterlassen. So ist es mit den Neutrinos auch. Nur dass sie eben kaum mit etwas „wechselwirken" und deshalb kaum Spuren hinterlassen.

Sie sind sehr klein, lange war nicht klar, ob sie überhaupt eine Masse haben. Und sie sind elektrisch neutral. Das macht es sehr schwer, sie zu entdecken: Dadurch, dass ihre Masse sehr gering ist, werden sie von anderen Objekten kaum abgelenkt und üben selbst praktisch keine Anziehungskraft aus auf andere Massen, die man beobachten könnte.

Und weil sie elektrisch neutral sind, nützt es auch nichts, wenn ich versuche, sie in einem elektrischen oder magnetischen Feld zu fangen oder nachzuweisen – sie rasen da einfach durch, und das fast mit Lichtgeschwindigkeit. Genauso rasen die meisten Neutrinos durch die Erde durch, einfach so, von einem Ende zum anderen, ohne dass sie aufgehalten werden oder eine Spur hinterlassen. Elektromagnetische Kräfte interessieren sie nicht, Gravitation praktisch auch nicht.

Es gibt nur eine Chance, sie einzufangen, und das ist genau der umgekehrte Prozess, aus dem sie entstanden sind. Ich habe gesagt: Neutrinos entstehen zum Beispiel beim Zerfall von Atomkernen. Umgekehrt, wenn sie auf einen Atomkern treffen, können sie unter Umständen auch eingefangen werden – und dann endet die manchmal lichtjahrelange Reise eines Neutrinos.

Um diesen Prozess nachzuweisen, braucht man aber spezielle Detektoren. Da gibt es einige. Eine bekannte Detektoranlage steht nordwestlichen von Tokio. Mit ihr ist es gelungen nachzuweisen, dass Neutrinos eine – wenn auch winzig kleine – Masse haben. Dafür gab es 2015 den Physik-Nobelpreis. Eine andere bekannte Detektoranlage steht in der Antarktis – hier werden Neutrinos in Detektoren eingefangen, für die extra tiefe Bohrlöcher ins Gletschereis getrieben wurden. Auch in Italien, tief unter der Erde im Gran-Sasso-Massiv in Mittelitalien, versuchen Physiker von den unzähligen Neutrinos, die die Erde durchkreuzen, wenigstens mal hier und da eins nachzuweisen. Wobei das nicht nur Neutrinos sind, die auf natürlichem Wege entstehen. Es gibt ja bei Genf den berühmten Teilchenbeschleuniger CERN. Und im CERN werden gezielt auch Neutrinos erzeugt, die dann durch die Erde flitzen und von denen dann ein paar bei den unterirdischen Detektoren in Italien ankommen.

Aber das ist eben, selbst wenn, nur ein winziger Bruchteil. Die meisten Neutrinos fliegen durchs Weltall und vielleicht kollidieren sie erst in vielen Millionen Jahren mal mit irgendeinem Atomkern in einer fernen Galaxie.

Was ist ein Wurmloch?

In Science-Fiction-Filmen kommen Wurmlöcher dann ins Spiel, wenn es darum geht, Menschen ganz schnell in entfernte Gegenden des Universums bringen – oder bei Zeitreisen. Das Wurmloch ist in diesem Zusammenhang also eine Abkürzung im Universum oder ein Fenster in die Zukunft oder die Vergangenheit. Das hat aber mit dem, was Astrophysiker unter einem Wurmloch verstehen, nur sehr entfernt etwas zu tun.

Was also ist ein Wurmloch? Stellt man sich einen Apfel vor, durch den sich ein Wurm von der einen zur anderen Seite durchgefressen hat, ist das eine ganz gute Analogie zu dem, was sich Physiker unter einem Wurmloch vorstellen. Der Apfel – oder genauer gesagt: die Oberfläche des Apfels – würde das gesamte Universum darstellen, sodass der Wurm tatsächlich eine Abkürzung nähme. Das ist die Kurzform.

Nun ist das Universum bekanntlich kein Apfel. Wie kommen Physiker also darauf, so einen Vergleich anzustellen?

Das hängt mit Albert Einstein zusammen, konkret: mit zwei zentralen Thesen seiner Theorie. Die erste ist, dass Raum und Zeit eine Einheit bilden, nämlich die vierdimensionale Raumzeit. Und die zweite ist, das diese Raumzeit überall dort, wo sich Materie und Energie befinden, gekrümmt ist. Damit sind wir wieder beim Apfel: Die gerundete Oberfläche des Apfels steht in diesem Bild für die gekrümmte Raumzeit.

Der Unterschied: Die Apfeloberfläche ist – wie jede Oberfläche – zweidimensional. Die Raumzeit dagegen hat vier Dimensionen. Das können wir uns aber intuitiv nicht vorstellen, deshalb greifen die Kosmologen zu dem Vergleich mit dem Apfel. Stellen wir uns also eine Ameise vor, die über den Apfel läuft. Sie ist so klein, dass sie nicht merkt, dass die Apfeloberfläche gekrümmt ist. Ihr geht es also so wie uns, wenn wir über die Erdoberfläche wandern. Wir haben den Eindruck, die ist (von Bergen und anderen sichtbaren Unebenheiten abgesehen) flach.

Aber die Erde ist nun mal eine Kugel, also wenn wir eine Strecke auf der Erdoberfläche zurücklegen (oder mit dem Schiff übers Meer fahren), beschreibt unsere Weglinie eine Kurve. So wie der Weg der Ameise über den Apfel. Und so ähnlich ist das auch mit der gekrümmten Raumzeit: Wir haben das Gefühl, der Raum (und damit die Raumzeit) ist „flach", dabei ist er gekrümmt. Das bemerken wir aber nicht, weil alles, woran wir uns orientieren, diese Krümmung mitmacht – zum Beispiel die Lichtstrahlen.

Der Vergleich mit dem Apfel hat aber Grenzen. Zum Beispiel ist die Apfeloberfläche in sich geschlossen, eine Ameise kann auf der Oberfläche einmal herumlaufen und ist am Ende wieder da, wo sie gestartet ist. Das ist im Universum nicht unbedingt so, und schon gar nicht in der Raumzeit (sonst würden wir nach einem langen Weg in die Zukunft irgendwann in der Vergangenheit landen).

Das Bild vom Apfel ist aber noch aus einem anderen Grund schief. Denn wenn ich sage, die Apfeloberfläche entspricht dem Universum, stellt sich natürlich die Frage: Wozu gehört denn dann das Wurmloch bzw. der Wurm, wenn er sich mitten im Apfel befindet?

An dieser Stelle verlassen die Physiker das Bild vom Apfel und bemühen lieber einen anderen Vergleich, nämlich den von einer Tasse mit einem Henkel. Die Tasse hat ja auch eine gekrümmte Oberfläche. Am Henkel passiert aber etwas Besonderes. Stellen wir uns wieder eine Ameise vor, die sich bis zum unteren Ende des Henkels hochgearbeitet hat. Um ans obere Ende des Henkels zu gelangen, kann sie an der Henkeloberfläche entlangkrabbeln; sie kann allerdings auch eine Abkürzung nehmen und sich über die eigentliche Tassenoberfläche vom unteren Henkelansatz zum oberen bewegen. Diese Abkürzung entspricht mathematisch eher dem Wurmloch der Physiker, das heißt, sie stellen sich vor, dass es in der Raumzeit Strukturen geben kann ähnlich wie die Henkel von Tassen – nur eben vierdimensional …

Gibt es solche Wurmlöcher nun wirklich?

Das weiß niemand. Ein Wurmloch ist nur ein mathematisch-physikalisches Konstrukt, das unter ganz bestimmten Bedingungen möglich sein könnte. Es gibt bisher aber keinerlei Beweis oder Anzeichen dafür, dass Wurmlöcher wirklich existieren. Und selbst wenn es sie gäbe, bliebe die Frage: Wie sind sie wirklich beschaffen? Kann man sie gezielt nutzen oder zufällig hineingeraten? Ob man eine Reise durch ein Wurmloch überleben würde, steht nochmal auf einem ganz anderen Blatt. Insofern ist es derzeit, was es ist: Science Fiction.

Wie endet das Universum?

Das Universum begann nach der gängigen Lehrmeinung einmal sehr klein mit dem sogenannten Urknall; seitdem expandiert es. Astronomen können beobachten, dass sich die Galaxien voneinander entfernen. Andererseits gibt es die Schwerkraft, die dazu führt, dass sich Materie zusammenklumpt. So sind einst die Sterne und Galaxien entstanden, und so entstehen auch Schwarze Löcher – Materie zieht sich gegenseitig an.

Nun gibt es mehrere Möglichkeiten: Entweder die Expansion des Universums wird immer langsamer und hört irgendwann auf. Dann wird sich alles aufgrund der Schwerkraft wieder zusammenziehen, vielleicht sogar bis zu einem Punkt, ähnlich wie ganz am Anfang. Und dann könnte – so sagen Astrophysiker – auf diese Kontraktion ein neuer Urknall folgen. Das Universum würde also bildhaft gesprochen „atmen": Ein paar Billionen Jahre dehnt es sich aus, dann zieht es sich wieder zusammen, und dann geht alles von vorne los.

Die zweite Möglichkeit: Die Expansion geht immer weiter. Im Moment scheint das der wahrscheinlichere Fall zu sein. Die Hinweise verdichten sich, dass sich die Expansion sogar noch beschleunigt. Dafür machen die Astrophysiker die sogenannte „dunkle Energie" verantwortlich, von der sie nicht so genau wissen, was das ist – deshalb „dunkel". Solange sie jedoch nicht wissen, worauf diese dunkle Energie beruht, ob sie immer gleich ist oder mit der Zeit stärker oder schwächer wird, bleibt alles Spekulation. Ein Szenario sieht so aus, dass durch diese dunkle Energie nicht nur die Galaxien immer weiter auseinanderdriften, sondern auch die Materie selbst, die von den Sternen übrig bleibt. Irgendwann würde sie sogar die Elementarteilchen auseinanderreißen. Es würde dann keine Materieteilchen mehr geben, sondern das ganze Universum wäre ein einziger über den gesamten Kosmos gleich verteilter kalter Strahlenbrei.

Und wann könnte das passieren?

Aus unserer Wahrnehmung in einer Ewigkeit, nämlich in ein paar Hundert Billiarden Jahren. Zum Vergleich: Seit dem Urknall sind etwa 14 Milliarden Jahre vergangen. Wenn man nun diesen Strahlenbrei als das Ende ansieht, hätte unser Universum zum jetzigen Zeitpunkt nicht einmal ein Tausendstel seines „Lebens" hinter sich.

Und mit dem Strahlenbrei würde es enden?

Das ist die große Frage. Eine Möglichkeit: Ja, der Strahlenbrei ist das Ende. Nichts passiert mehr, es herrscht Stagnation. Eine zweite Möglichkeit hat vor wenigen Jahren der große Mathematiker Roger Penrose vorgeschlagen. Er sagt: In diesem Endzustand gibt es keine Zeit mehr. Die Raumzeit – das wissen wir durch Einstein – wird ja erst durch Masse und Gravitation erzeugt. Wenn die Welt aber nur noch aus Strahlung besteht – und das heißt aus masselosen Teilchen, die mit Lichtgeschwindigkeit hin- und herfliegen –, hört auch die Zeit auf zu existieren – analog zum Urknall ganz am Anfang.

Das klingt bizarr, denn eigentlich ist der Urknall (extrem heißer Urzustand, die ganze Welt auf engstem Raum!) das genaue Gegenteil vom mutmaßlichen Ende, dem kalten Strahlenbrei in einem extrem expandierten Universum. Dennoch können die beiden Zustände mathematisch ineinander übergehen. Das heißt für Penrose, aus dem Strahlenbrei könnte ein neuer Urknall hervorgehen und damit buchstäblich eine neue Zeit entstehen. Er spricht von Zyklen der Zeit. Eine faszinierende Vorstellung. Aber letztlich muss man sagen: All das sind graue Theorien. Zumindest zur Frage, wann das (heutige) Universum enden wird, kann man allerdings wohl sagen: Es hat noch deutlich mehr Zeit vor sich als hinter sich.

Wie bestimmt man das Alter von Sternen?

Da gibt es verschiedene Methoden. Das kann man ganz gut an einem Stern festmachen, den Astronomen vor einigen Jahren entdeckt haben und von dem es heißt, er sei der älteste bisher bekannte Stern überhaupt. Dieser Stern – er trägt den bürokratischen Namen SM0313 – ist astronomisch gesehen gar nicht weit weg von uns, „nur" 6000 Lichtjahre entfernt, und befindet sich in unserer Galaxie – ist also Teil der Milchstraße.

Er wird auf ein Alter von 13,6 Milliarden Jahren geschätzt, das würde bedeuten, er wäre 200 Millionen Jahre nach dem Urknall entstanden – das war ein ziemlich frühes Stadium der Sternentstehung. Das heißt auch: Der Stern ist entstanden, bevor sich unsere Galaxie gebildet hat. Und dass er so alt ist, das schließen die Wissenschaftler daraus, dass er – das kann man aus den Spektrallinien entnehmen – kein Eisen enthält.

Was hat das Eisen nun mit dem Alter zu tun?

Die chemischen Elemente haben sich ja erst mit der Zeit gebildet. Am Anfang gab es nur leichte Elemente: Wasserstoff, Helium, Lithium. Die erste Sternengeneration kann nur aus diesen Elementen bestanden haben. Alle schwereren Elemente wie Kohlenstoff, Magnesium, Eisen sind aus den leichten „zusammengebacken". Dafür wiederum sind extrem hoher Druck und hohe Temperaturen notwendig, wie es sie nur im Inneren von Sterne gibt bzw. unter den Bedingungen einer Supernova – also wenn ein Stern am Ende seines Daseins explodiert.

Einen Stern aus der ersten Generation hat man noch nicht gefunden, doch SM0313 stammt offenbar gleich aus der zweiten Generation. Denn er enthält zwar schon Kohlenstoff und Magnesium, aber offenbar noch keinerlei Eisen. Für diese frühen Sterne ist also der Eisengehalt ein wichtiges Kriterium, um das Alter zu bestimmen. Was „moderne" Sterne betrifft, muss das Alter anders bestimmt werden. Ein wichtiger Anhaltspunkt ist dabei die Größe und die Farbe, in der der Stern leuchtet.

Sterne leuchten deshalb, weil sie Wasserstoffatome zu Helium verschmelzen und dabei Energie frei wird. Die Größe ist deshalb wichtig, weil große Sterne schneller „alt" werden. Sie haben nämlich einen großen Energieumsatz, der Wasserstoff ist viel schneller aufgebraucht. Und während das passiert, verändert sich die Farbe des Lichts. Im Jungstadium sind Sterne eher bläulich; je älter sie werden, desto mehr verschiebt sich die Farbe ins Rötliche.

Wenn Astronomen einen Stern beobachten, können sie die Helligkeit messen – und da gilt die einfache Regel: je heller ein Stern, desto größer ist er. Und sie können das Farbspektrum analysieren und daraus ableiten, welches Reifestadium der Stern hat. Aus diesen beiden Informationen, Größe und Reifestadium, lässt sich das Alter auch einigermaßen abschätzen.

Sind schon alle chemischen Elemente entdeckt oder gibt es im Weltall möglicherwiese noch weitere?

Es ist unwahrscheinlich, dass noch weitere auftauchen. Die Wissenschaft kann natürlich nur Aussagen treffen über Dinge, die sie untersuchen kann – sie kann aber nicht beweisen, dass es bestimmte Dinge im Universum nicht gibt. Was sie sagen kann: Auf der Grundlage der bisher bekannten Naturgesetze dürfte es im Universum keine noch unbekannten Elemente geben. Und zwar deshalb, weil die chemischen Elemente – wie sie im bekannten Periodensystem stehen – einer inneren Systematik folgen. Was sie voneinander unterscheidet, ist vor allem die Zahl der Protonen – also der positiv geladenen Teilchen im Atomkern. So sind die Elemente praktisch durchnummeriert: Wasserstoff hat ein Proton. Helium hat zwei, Lithium drei, dann geht es weiter mit Beryllium – vier –, Bor – fünf – und dann kommen die für uns so wichtigen Elemente Kohlenstoff, Stickstoff, Sauerstoff mit den Ordnungszahlen 6, 7 und 8. Die Liste geht weiter und endet – zumindest, was die natürlichen stabilen Elemente betrifft – bei 92. So viele Protonen hat das Uran. Das Uran ist das schwerste natürlich vorkommende Element, zumindest auf der Erde.

Die Zahl der Protonen ist deshalb so wichtig, weil von ihr unmittelbar auch die Zahl der Elektronen abhängt: Ein elektrisch neutrales Atom hat immer so viele Protonen wie Elektronen. Und von denen wiederum hängen die Eigenschaften eines Atoms ab: ob und wie es sich mit anderen Atomen und Molekülen verbindet, wie es auf Strahlung reagiert, wie es aussieht, wie es sich elektrisch verhält, ob es Strom leitet oder nicht. Genau diese Eigenschaften verleihen einem Element erst seinen typischen „Charakter". Und sie hängen direkt oder indirekt von der Anzahl der Protonen ab.

Protonen die gibt es nur in ganzen Zahlen – halbe Protonen gibt es nicht. So kann man also die Elemente von 1 bis 92 durchzählen und ziemlich sicher sein, dass damit alle erfasst sind, die in der Natur vorkommen – eben weil jedes Atom zu einer dieser 92 Sorten gehört.

Zwar gibt es in der Chemie weitere Elemente, die noch schwerer sind, aber die wurden immer künstlich erzeugt. Dazu gehört das bekannte Plutonium, das als unwillkommenes Abfallprodukt in Atomkraftwerken entsteht. Es hat die Ordnungszahl 94 – besitzt also zwei Protonen mehr als Uran. Das Periodensystem kennt sogar weitere Elemente bis zur Ordnungszahl 118 – dem „Ununoctium". Doch all diese Elemente, die schwerer sind als Plutonium, sind äußerst instabil. Sie lassen sich nur künstlich herstellen und sind hochradioaktiv – das heißt, sie zerfallen im Bruchteil einer Sekunde. Das wäre auch in anderen Teilen des Universums so – zumindest wenn dort die gleichen Naturgesetze gelten.

Das ist letztlich die einzige verbleibende Unbekannte. Wir können zwar vermuten, dass im gesamten Universum die gleichen Gesetze gelten und die Naturkonstanten den gleichen Wert haben – aber ganz sicher sein können wir nicht. Wir können nur sagen: Die uns bekannten Gesetze sorgen dafür, dass Materie aus den uns bekannten Atomen aufgebaut ist. Und alle Atome, die es nach diesen Gesetzen potenziell geben kann, kennen wir.

Wie entsteht Wasser im Weltraum?

Die Erde ist zwar ein ausgesprochener Wasser-Planet – trotzdem ist Wasser kein Privileg der Erde. Das Wasser gab es schon lange bevor sich die Erde aus Staub zusammengeballt hat. Vor ein paar Jahren haben Forscher nachgewiesen, dass es Wasser schon in der Frühzeit des Universums gab. Man darf sich das aber nicht als geschlossene Masse vorstellen, also als Tröpfchen oder Eis, sondern es handelt sich um einzelne Wassermoleküle, die sich isoliert voneinander im Weltall befinden. Doch wie ist dieses Wasser entstanden? Bisher kennen wir nur die groben Zusammenhänge.

Wasser besteht bekanntlich aus den Elementen Wasserstoff und Sauerstoff. Wasserstoff ist das einfachste, primitivste aller Elemente – das erste Atom, das überhaupt im Universum entstand, war ein Wasserstoffatom. Es besteht aus einem Proton und einem Elektron. Alle anderen Elemente wurden unter viel Druck aus diesem Wasserstoff „zusammengebacken". Das ist das, was Physiker Kernfusion nennen. Das erste Back-Produkt ist Helium – es entsteht auch in der Sonne. Jeweils vier Wasserstoffatome fusionieren und hohem Druck und enormer Hitze zu einem Heliumatom. Wenn die Sterne noch größer sind – wesentlich größer als die Sonne – wird der Druck in ihrem Inneren so groß, dass auch die Heliumatome zusammengebacken werden. Dann entsteht aus drei Heliumatomen ein Kohlenstoffatom oder, wenn es vier sind, ein Sauerstoffatom.

Jetzt sind wir an dem Punkt, an dem wir beide Elemente haben, die wir für Wasser brauchen: Wasserstoff und Sauerstoff. Die müssen sich nun verbinden – das tun sie aber erst, wenn sie aus den Sternen, in denen sie entstanden sind, in die Weiten des Weltalls geschleudert wurden. Und selbst da ist es schwierig. Denn solange die einzelnen Atome im Weltall herumschwirren, verbinden sie sich nicht. Sondern dazu sind offenbar größere Teilchen nötig – konkret: Staubpartikel.

Es sieht also so aus, als haben sich Wasserstoff und Sauerstoff schon im jungen Universum an Staubpartikeln zusammengefunden. Die erste Verbindung war dabei aber offenbar noch nicht Wasser, sondern Wasserstoffperoxid – H_2O_2 –, also das Zeug, das man zum Blondieren von Haaren verwenden kann. Erst in einer weiteren Reaktion entsteht aus H_2O_2 das Wasser, H_2O.

Das sind im Moment wirklich mehr Vermutungen, denn die Forscher haben ja nicht viel: Sie haben ihre Teleskope, mit denen sie in den Tiefen des Weltalls nach den typischen Wellenspektren dieser Moleküle gucken können, und ein paar chemische Experimente, mit denen sie zeigen können, wie es abgelaufen sein könnte; aber das war's dann auch schon.

Das heißt, das Wasser auf der Erde ist ein Überrest aus den Frühzeiten des Universums?

Ja, wobei noch nicht geklärt ist, wie es auf die Erde kam. Es gibt zwei Modelle: Entweder die Erde ist nass entstanden. Als sie sich aus Staub geformt hat, war das Wasser dann schon mit drin gewesen – allerdings im gesamten „Ur-Klumpen" verteilt. Später haben dann Vulkane das im Erdinneren vorhandene Wasser nach außen an die Erdoberfläche transportiert. Die andere Möglichkeit: Die Erde ist trocken entstanden oder „halbnass". Der Großteil des heutigen Wassers wurde erst später durch Kometen in Form von Eis auf die Erde gebracht. Für beide Theorien gibt es Hinweise – vielleicht war es auch eine Kombination aus beidem.

Warum werden Missionen zum Mars geplant und nicht zur Venus – obwohl die doch viel näher ist?

Rein vom Abstand her läge die Venus tatsächlich näher. Sie ist 38 Millionen Kilometer entfernt, der Mars dagegen 55 Millionen Kilometer. Da Strecke und Reisezeit ein kritisches Moment in der ganzen Raumfahrt sind – zum Mars dauert es 2 Jahre – würde man natürlich schon Fahrzeit sparen, wenn der Flug stattdessen zur Venus ginge. Und doch hört man fast nur von Mars-Missionen und Mars-Robotern. Die Venus dagegen steht im Schatten der Aufmerksamkeit

Blickt man in die Vergangenheit, war das nicht immer so. Der erste fremde Planet, auf dem eine menschliche Sonde landete, war 1970 die Venus – nicht der Mars. Und es folgten weitere Missionen, auch erfolgreiche Landungen, bei denen die Sonden sogar Signale von der Oberfläche zur Erde geschickt haben. Der Haken war nur: Das taten sie nie länger als knapp 2 Stunden – dann war es vorbei.

Der Haken ist nämlich: Auf der Venus ist es verdammt heiß, über 400 °C. Das liegt zum einen daran, dass sie viel näher an der Sonne ist, zum anderen herrscht auf ihr ein enorm hoher Luftdruck. Der Mars dagegen hat eine ziemlich dünne Atmosphäre, und es ist eher kalt – im Schnitt –50 °C, auf der sonnenabgewandten Seite können es auch mal –120 °C sein. Diese Kälte stellt natürlich hohe Anforderungen an die Astronauten und ihre Geräte. Doch ist es immer noch leichter, sich vor dieser Kälte zu schützen als sich vor Temperaturen von über 400 °C, wie sie auf der Venus herrschen. Und während der Mars fast seine ganze Atmosphäre verloren hat, also auch ein extrem niedriger Druck herrscht, ist die Venus das komplette Gegenteil – sie ist zwar kleiner als die Erde, aber sie hat eine unheimlich mächtige und dichte Atmosphäre, deshalb herrscht dort ein 90-mal höherer Druck als auf unserem Heimatplaneten. Der Druck auf der Venus entspricht somit dem in einer (irdischen) Meerestiefe von 900 Metern.

Natürlich kann man in solchen Druckverhältnissen irgendwie zurechtkommen. Das hat ja auch der Regisseur James Cameron mit seiner Tiefseefahrt zum Marianengraben bewiesen, der noch mehr als zehnmal tiefer ist. Trotzdem tun sich Astronauten in der sehr dünnen Marsatmosphäre leichter als in der sehr dichten Venusatmosphäre.

So ist der Weg zum Mars zwar weiter, aber der Mars ist nicht ganz so unwirtlich. Und wenn man langfristig denkt, geht es nicht nur darum, dort einmal hinzufliegen, sondern es stellt sich die Frage: Was soll man da? Es könnte ja sein, dass auf eine bemannte Raumfahrt irgendwann mehr folgt; dass es weiter geht, dass künftige Generationen doch mal fremde Planeten besiedeln – und dann wäre der Mars als Niederlassung immer noch wesentlich geeigneter als die Venus.

Wie heiß ist die Sonne?

Bei der Sonne ist es wie bei der Erde: Sie ist außen vergleichsweise kühl und innen ziemlich heiß. Nur sind die Verhältnisse ganz andere. An der Oberfläche der Sonne herrschen Temperaturen von ungefähr 6000 °C, im Inneren sind es 15 Millionen °C. Im Unterschied zur Erde ist die Sonne nämlich ein riesiger Fusionsreaktor. Unter dem gewaltigen Druck in ihrem Inneren verschmelzen ständig Wasserstoffatome zu Helium. Aus vier Wasserstoffatomen entsteht jeweils ein Heliumatom. Dabei wird Energie frei, und wir wissen ja durch Einstein: Masse kann in Energie umgewandelt werden. Genau das passiert dort. Wenn die Wasserstoffatome zu Helium verschmelzen, verlieren sie etwa ein Hundertstel ihrer Masse, und diese Masse wird in Wärmeenergie umgewandelt.

Um nur mal eine Vorstellung zu geben: Wenn ein Gramm Wasserstoff zu Helium verschmilzt, wird eine Energie von 180 000 Kilowattstunden frei. Auf einer Stromrechnung würde diese Energie 45 000 Euro kosten. Wie gesagt, bei einem Gramm! Es sind aber 6 Milliarden Tonnen Wasserstoff, die die Sonne in Helium umwandelt – und zwar in jeder einzelnen Sekunde! So entsteht diese enorme Temperatur von 15 Millionen °C im Sonneninneren, und natürlich wandert diese Hitze auch nach außen. Weil die Sonne so groß ist, braucht die Wärme dafür ziemlich lange, nämlich 10 Millionen Jahre.

An der Sonnenoberfläche endet der Wärmetransport aber nicht. Schließlich gibt die Sonnenoberfläche ständig Energie an ihre Umgebung ab – sonst wäre es auf der Erde ziemlich frostig. Dabei wird die Sonne von außen gekühlt, deswegen sind es an der Oberfläche „nur" knapp 6000 °C. Und dann gibt es an der Sonnenoberfläche ja auch die berühmten dunklen Sonnenflecken, die noch ein bisschen kühler sind, etwa 4000 bis 5000 Grad. Wenn man das mit der Erde vergleicht, entspricht das ungefähr der Temperatur im Mittelpunkt der Erde. Das heißt, die heißesten Stellen im Erdinneren sind immer noch leicht kühler als die kühlsten Punkte der Sonnenoberfläche.

Der Mond zeigt uns immer dieselbe Seite – dreht er sich denn gar nicht um die eigene Achse?

Doch, das tut er. Er braucht aber für eine Drehung um die eigene Achse genauso lang wie für eine Umrundung der Erde, nämlich 27 Tage und 7 Stunden. Nur deswegen sehen wir immer dieselbe Seite von ihm. Er verhält sich da wie wir, wenn wir uns um einen Tisch herumbewegen und dabei immer die Augen auf den Tisch richten. Der Tisch entspricht in diesem Vergleich der Erde. Dann müssen wir uns zwangsläufig beim Umkreisen des Tisches einmal um die eigene Achse drehen.

Ist das nun Zufall, dass beides gleich lang dauert?

Teils. Es gibt genug Gegenbeispiele von Himmelskörpern, bei denen die beiden Vorgänge – Eigenrotation und Umlauf um den Zentralkörper – sehr unterschiedlich lang dauern können. Bei der Erde ist es ja auch so: Für eine Eigendrehung braucht sie einen Tag, für eine Umkreisung der Sonne ein Jahr. Beim Mond dagegen sind die Rhythmen synchronisiert: Ein „Mond-Jahr" dauert praktisch einen „Mond-Tag" – und beides dauert, in „irdischen" Maßstäben, einen knappen Monat.

Und gibt es eine Erklärung, warum es beim Mond so ist?

Wären beide Vorgänge komplett unabhängig, wäre diese zufällige Übereinstimmung tatsächlich extrem unwahrscheinlich. Doch so zufällig ist es dann doch nicht – und es war auch nicht immer so. Früher – vor vielen Jahrmillionen – hat sich der Mond schneller gedreht. Aber dann haben die Gezeitenkräfte – also die Schwerkraft der Erde – die Eigendrehung immer mehr gebremst.

Wir kennen die Gezeiten – Ebbe und Flut – aus irdischer Perspektive. Die Gravitationskraft des Mondes führt dazu, dass das Wasser in den Meeren dem Mond ein wenig hinterherströmt und sich überall dort, wo der Mond sich gerade befindet, ein kleiner Wasserberg bildet – eben die Flut. Doch nicht nur das Wasser, auch die Kontinentalmassen heben und senken sich durch die Gezeitenkräfte alle 12 Stunden um jeweils einen halben Meter, obwohl wir das nicht spüren.

Doch diese Auswirkungen sind noch harmlos. Wenn nun der Mond schon solche Kräfte auf die Erde ausübt, müssen umgekehrt die Gezeitenkräfte, die die schwere Erde auf den Mond ausübt, um ein Vielfaches größer sein. Das führt dazu, dass der Mond sich bei jeder Eigendrehung durch die Gezeitenkräfte stark verformt; er wird in Richtung der Erde immer ein bisschen in die

Länge gezogen und damit ein wenig „durchgewalkt". Diese ständigen inneren Verformungen haben die Eigendrehung des Mondes gebremst – und zwar so lange, bis der Rhythmus der Eigendrehung im Einklang war mit dem Rhythmus der Umdrehung um die Erde. Deshalb stimmen beide Rhythmen heute überein.

Werden wir je die Chance haben, von der Erde aus die Rückseite des Mondes zu sehen?
Leider nein. Interessanterweise sehen wir aber doch ein bisschen mehr als nur die Hälfte der Mondoberfläche. Das liegt daran, dass seine Umlaufbahn um die Erde keine perfekte Kreisbahn ist, sondern leicht elliptisch. Der Mond ist also in bestimmten Phasen seiner Umlaufzeit der Erde näher als in anderen. Wenn er der Erde näherkommt, wird er beschleunigt, wenn er sich entfernt, wird er wieder langsamer. Seine Eigenrotation dagegen bleibt konstant – sie beschleunigt sich nicht. Deshalb sehen wir vom Mond manchmal rechts ein Stück mehr, manchmal links ein Stück mehr. Wir spicken sozusagen um die Kurve, sodass wir im Lauf der Zeit nicht nur 50 Prozent, sondern fast 60 Prozent der Mondoberfläche zu Gesicht bekommen – aber die verbleibenden 40 Prozent bleiben uns definitiv verborgen.

Warum hat der Mond keine Atmosphäre?

Er ist schlicht zu klein und zu leicht. Damit sich bei einem Himmelskörper eine Atmosphäre bildet, braucht er eine gewisse Masse, um Gasmoleküle durch seine Gravitationskraft bei sich zu halten. Der Mond ist 80-mal leichter als die Erde und damit ist seine Anziehungskraft einfach zu schwach. Um eine Atmosphäre an sich zu binden, müssen Himmelskörper schon etwas größer sein.

Man sieht das auch gut im Vergleich von Mars und Venus. Der Mars hat nur eine sehr dünne Atmosphäre, denn er ist viel kleiner als die Erde – seine Masse beträgt lediglich ein Neuntel der Erdmasse. Es gibt Hinweise, dass der Mars früher eine dichtere Atmosphäre hatte, die sich aber verflüchtigt hat. Und das nicht nur, weil der Mars so klein ist – er hat auch kein Magnetfeld. Die Erde hat eins, das schützt sie unter anderem vor dem sogenannten Sonnenwind – also geladenen Teilchen, die von der Sonne kommen. Weil dem Mars ein Magnetfeld fehlt, ist er dem Sonnenwind schutzlos ausgesetzt; seine einst etwas mächtigere Atmosphäre wurde davongetragen.

Ganz anders dagegen sieht es auf der Venus aus; die hat eine sehr dichte Atmosphäre – die Venus ist ja fast so groß wie die Erde. Verschiedene Faktoren entscheiden also über das Vorhandensein einer Atmosphäre. Vor allem die Größe, aber auch das Vorhandensein eines Magnetfelds.

Die Erde, innen und außen

Wie groß müsste eine Kugel sein, damit alle Menschen darauf einen Stehplatz fänden?

Das hängt natürlich davon ab, wie dicht gedrängt die Menschen stehen würden. Zum Glück gibt es dazu ja offizielle Richtwerte. Standardmäßig rechnen Behörden – zum Beispiel bei Pop-Konzerten oder auch in der U-Bahn – mit zwei bis vier Menschen pro Quadratmeter. Bei extrem dichtem Gedränge – zum Beispiel in einer Gondel im Skigebiet oder im Bus morgens zur Hauptverkehrszeit – können bis zu acht Menschen auf einem Quadratmeter Platz haben.

Da wir keine Unmenschen sind, rechnen wir mal etwas komfortabler mit vier Personen pro Quadratmeter – das ist immer noch gedrängt genug. Auf der Welt leben heute 7,6 Milliarden Menschen; die würden dann eine Fläche von 1,9 Milliarden Quadratmetern beanspruchen. Das klingt riesig – aber wie groß wäre nun die dazugehörige Kugel?

Das lässt sich leicht ausrechnen. Wenn r der Radius der Kugel ist, dann beträgt die Oberfläche $4\pi r^2$. Mit ein bisschen Algebra kommt man leicht zu folgendem Ergebnis: Eine Kugel mit einer Oberfläche von 1,9 Millionen Quadratmetern hätte einen Radius von 12,3 Kilometern. Das bedeutet: Alle Menschen der Welt würden theoretisch auf einer Kugel mit einem Durchmesser (= doppelter Radius) von knapp 25 Kilometern Platz finden.

Sie hätten dann zwar nichts zu essen und zu trinken und für die Entsorgung der Notdurft müsste man sich auch etwas einfallen lassen, aber rein vom Platz her ginge das. Anderseits: Die reale Erde mit ihren 12 000 Kilometern Durchmesser ist bis auf weiteres vielleicht doch etwas gemütlicher.

Welchen praktischen Nutzen hat Einsteins allgemeine Relativitätstheorie?

Das beste Beispiel ist Satellitennavigation. Um zu wissen, wo ich bin, hat mein Navigationsgerät (ob GPS oder Galileo) Kontakt mit vier Satelliten. Jeder dieser Satelliten sendet ein Signal mit folgenden Informationen:

- Ich bin Satellit XY.
- Ich befinde mich auf folgender Position.
- Es ist jetzt so und so viel Uhr – wobei die letzte Angabe bis auf winzige Sekundenbruchteile genau ist.

Aus diesen Angaben von vier Satelliten ermittelt mein Gerät seine Position: Dazu vergleicht es die eigene Zeit mit dem Zeitsignal des Satelliten – aus dem Unterschied lässt sich die Laufzeit des Signals und damit die Entfernung des Satelliten ermitteln.

Das Problem ist aber: Die Zeiten stimmen leider nicht überein. Die Satelliten befinden sich 20 000 Kilometer von der Erde entfernt, dort ist das Gravitationsfeld schwächer, und je geringer die Gravitation, desto schneller vergeht laut Einstein die Zeit. Im Fall der Navigationssatelliten ist der Unterschied zwar winzig (ein Milliardstel Prozent!), aber vorhanden. Nur wenn dieser Fehler automatisch korrigiert wird, zeigt mein Navi mir verlässlich meine Position an.

Wissenschaftler tüfteln an weiteren Anwendungsmöglichkeiten, um sich diese Zeitverzerrung durch die Relativitätstheorie zunutze zu machen. Eine ist die Höhenmessung. Vermutlich schon bald wird es Atomuhren geben, die so genau sind, dass sie in Anführungszeichen „merken", wenn man sie 10 Zentimeter anhebt. Einfach aufgrund des geringeren Schwerefelds und der dort schneller vergehenden Zeit. Geophysiker wiederum hoffen auf bessere Vorhersagen für Vulkanausbrüche. Denn vor einem Vulkanausbruch sammelt sich im Untergrund Magma. Das können Geophysiker zwar heute auch schon feststellen, weil vor dem Ausbruch der Untergrund wärmer wird und sich ein bisschen hebt; aber diese Informationen sind sehr vage. Denn dann ist immer noch nicht klar: Wie viel Magma sammelt sich, wie heftig also wird der Vulkan ausbrechen?

Die Anwendung der Relativitätstheorie mithilfe ultragenauer Atomuhren soll auch hier weiterhelfen, denn das Magma im Untergrund verändert auch das Gravitationsfeld – und damit das Ticken der Zeit in der Atomuhr. Solche hochgenauen Atomuhren, die die Sekunden bis zur 18. Stelle hinterm Komma genau messen, sind derzeit in der Entwicklung – und leider sind sie etwas sperriger als eine Armbanduhr. Noch – aber auch das ist bestimmt nur eine Frage der Zeit, und die ist bekanntlich relativ.

Was würde passieren, wenn der Mond weg wäre?

Ohne den Mond hätten wir keine verlässlichen Jahreszeiten, denn er stabilisiert die Erdachse. Gäbe es ihn nicht, geriete die Erdachse alle paar Millionen Jahre kräftig ins Trudeln. Mit verheerenden Auswirkungen auf das Klima. Forscher haben ausgerechnet: Ohne Mond könnte die Erdachse zwischendurch auch mal um fast 90 Grad kippen. Dann könnte ganz schnell der Nordpol in den Tropen liegen, und das würde bedeuten: Jede Erdhälfte hätte ein halbes Jahr lang pralle Sonne und anschließend ein halbes Jahr lang kalte finsterste Nacht. Der Mond dagegen hält die Erdachse einigermaßen in Position, sodass es solche extremen Verhältnisse nicht geben kann.

Ohne den Mond wären die Kontinente vielleicht noch immer unbelebt und alles Leben würde sich im Meer abspielen. Denn der Mond bringt uns Ebbe und Flut und somit auch die Überschwemmungsgebiete an der Küste, im Übergang zwischen Wasser und Land. Große Flächen werden zweimal am Tag geflutet und fallen zwischendurch trocken. Diese Übergangsbereiche spielten in der Evolution eine wichtige Rolle: Hier entwickelten sich die Amphibien, die später immer weiter an Land krochen und aus denen sich schließlich Echsen, Saurier und Säugetiere entwickelten. Ohne Mond wären Ebbe und Flut viel schwächer und diese ganzen Überschwemmungsgebiete hätte es in der Form nicht gegeben.

Ohne den Mond wären die Tage kürzer. Heute braucht die Erde 24 Stunden, um sich einmal um sich selbst zu drehen, in der Frühzeit der Erde drehte sie sich viermal so schnell. Ein Tag dauerte entsprechend nur 6 Stunden. Es war der Mond, der die Erde gebremst hat: Durch die Gezeiten, die er auslöst, durch Ebbe und Flut und dieses ganze Hin- und Hergeschwappe, verliert die Erde ständig an Dreh-Energie und dreht sich infolgedessen immer langsamer.

Ohne den Mond wäre es nachts nicht nur dunkel, sondern stockdunkel, und zwar jede Nacht. Nur die Sterne könnten uns noch den Weg leuchten.

Kurz: Ohne den Mond wäre die Erde einsamer, ganz ohne Begleiter. Und das Traurige an der Geschichte: Der Mond entfernt sich von uns, jedes Jahr driftet er 4 Zentimeter weiter hinaus ins Weltall. Eines fernen Tages wird er so weit weg sein, dass es keine totale Mondfinsternis mehr geben wird.

Beeinflusst die Eisschmelze an den Polen die Eigenrotation der Erde?

Ja es gibt einen, wenn auch kleinen Effekt: Wenn Eispanzer und Gletscher schmelzen, wird Masse auf der Erde umverteilt, und das wirkt sich auf die Rotation aus. Das ist derselbe Effekt, den Eiskunstläufer für Pirouetten nutzen: Wenn sie sich schneller drehen möchten, ziehen sie ihre Arme an den Körper. Dadurch holen sie „Masse" von außen näher an die Körperachse, und das führt zu einer Beschleunigung der Eigenrotation.

Übertragen wir das nun auf die Eismassen der Erde – etwa das Eis der Antarktis. Das liegt nahe am Südpol, also nahe an der Erdachse. Wenn es schmilzt, wird es zu Wasser. Dieses Wasser bleibt jedoch nicht am Südpol, sondern es verteilt sich über die gesamten Weltmeere. Der Meeresspiegel steigt, und dabei gelangt zumindest ein Teil des Wassers in die Nähe des Äquators. Am Äquator ist das Wasser aber, verglichen mit der Antarktis, relativ weit weg von der Erdachse. Und deshalb würde das Gleiche passieren, wie wenn eine Eiskunstläuferin ihre Arme ausstreckt: Die Rotation – in dem Fall der Erde – würde sich etwas verlangsamen.

Dies wird durch einen zweiten Effekt noch verstärkt: Wenn große Gletscher abschmelzen, werden auch die darunter liegenden Kontinente von der schweren Eisdecke entlastet. Dann verhalten sie sich ähnlich wie ein Boot: Wenn aus einem Boot Leute aussteigen oder Fracht abgeladen wird, hebt es sich es sich aus dem Wasser. Und genauso heben sich die Kontinente – die auf dem flüssigen Teil des Erdmantels treiben –, wenn das Eis auf ihnen schmilzt. In Schottland oder Skandinavien kann man das gut beobachten. Skandinavien lag während der Eiszeit unter mächtigen Gletschern. Dieses Eis ist vor 10 000 Jahren abgeschmolzen, und in der Folge hebt sich Skandinavien noch heute um etwa 1 Zentimeter pro Jahr. In 100 Jahren werden also manche Abschnitte der norwegischen Küste einen Meter höher als heute liegen. Auch eine solche Landhebung führt nun dazu, dass sich Masse – in diesem Fall Landmasse – ein kleines Stückchen vom Erdmittelpunkt bzw. von der Erdachse entfernt. Das passiert heute schon und wird sich verstärken, wenn auf der Antarktis oder Grönland das Eis schmilzt. Also auch dadurch würde sich – wieder durch den Eisläufereffekt – die Erdrotation verlangsamen.

Die Gletscher schmelzen ja bereits – ist diese Verlangsamung schon zu beobachten?

Man kann den Effekt ausrechnen. Allerdings stellt sich dabei heraus, dass die Eismassen im Verhältnis zur Gesamtmasse der Erde so klein sind, dass sich die

Auswirkungen auf die Rotation kaum messen lassen. Nach Auskunft von Maik Thomas vom Geoforschungszentrum in Potsdam ist die theoretische „klimabedingte" Verlangsamung der Erdrotation so klein, dass wir nicht einmal eine zusätzliche Schaltsekunde einführen müssten, um sie auszugleichen. Hinzu kommt, dass sich die Erde ohnehin mit der Zeit immer langsamer dreht – völlig unabhängig vom Eis. Das liegt vor allem an den Gezeitenkräften, also daran, dass die Masse des Mondes zweimal am Tag Flut und Ebbe auslöst und wir dadurch auf der Erdoberfläche täglich ein großes „Geschwabbel" haben. Das bremst ebenfalls die Rotation, und zwar stärker als all die Effekte, die durch das Schmelzen des Eises entstehen. Diese Verlangsamung ist tatsächlich nachweisbar – aber es ist schwer, in dieser gezeiten-bedingten Verlangsamung die klimabedingte Verlangsamung herauszurechnen.

Woher weiß man, wie es im Inneren der Erde aussieht?

Man kann nur bis zu einer bestimmten Tiefe in die Erde hineinschauen. Bis zum Mittelpunkt der Erde sind es 6000 Kilometer; die weltweit tiefste Bohrung reicht aber nur bis in 12 Kilometer Tiefe. Das ist nichts als ein Kratzen an der Oberfläche bzw. an der Erdkruste.

Trotzdem wissen wir eine Menge über die tieferen Schichten. Zum Beispiel woraus sie sich zusammensetzen. Man unterscheidet ja die Erdkruste, den Erdmantel und den Erdkern. Diese Unterteilung bezieht sich auf die Chemie. Ganz grob besteht die Erdkruste eher aus leichteren Elementen, allen voran Aluminium und Silizium. Diese beiden Elemente bilden den Löwenanteil in den gängigen Gesteinen: Granite, Basalte, Schiefer, Sandstein – das ist die Erdkruste. Im Erdmantel finden sich die etwas schwereren Elemente; anstelle von Aluminium mehr Eisen und Magnesium. Und der Kern besteht zu 70 Prozent aus Eisen plus ziemlich viel Nickel. Im Kern konzentriert sich also das richtig schwere Material. Das ist die Grobunterteilung nach der Chemie.

Woher kennt man nun den Aufbau, wenn man doch in die Erde nicht reingucken kann?

Da gibt's ganz viele Informationsquellen, zum einen Vulkane. Manche Vulkane haben ihre Wurzel in mehreren Hundert Kilometern Tiefe. Sie spucken also Material aus dem Erdmantel aus. Insofern geben sie Informationen über die Chemie des Erdmantels.

Die zweite Informationsquelle sind: Diamanten. Warum? Weil die meisten natürlichen Diamanten sich im Erdmantel gebildet haben und erst später durch Magmaströme an die Oberfläche gelangt sind. Wenn man solche Diamanten aufschneidet, findet man immer wieder Einschlüsse aus der Umgebung, in der sie ursprünglich entstanden sind, also vom Erdmantel.

Und woher weiß man, dass die Erde im tiefsten Inneren diesen Kern aus Eisen hat?

Ein Hinweis hierauf ist das Magnetfeld der Erde. Für ein Magnetfeld braucht man ein Metall, und zwar einen guten elektrischen Leiter. Dass es sich um Eisen handeln muss, wird von einer weiteren „Informationsquelle" bestätigt: Meteoriten. Sie sind interessant, weil sie sich in unserem Sonnensystem aus der gleichen Staubwolke gebildet haben wie einst die Erde. Ab und zu fällt ja auch mal einer auf die Erde. Diese abgestürzten Meteoriten kann man gut untersuchen und davon ausgehen, dass die chemische Zusammensetzung ähnlich ist wie die der ursprünglichen Erde – denn das Ausgangsmaterial war ja das gleiche. Der Unterschied ist: Auf der Erde haben sich die Elemente getrennt. Die schweren sind nach unten ins Erdinnere gesackt, die leichten dagegen in die äußere Gesteinshülle, also die Kruste, aufgestiegen. Da wir aber die Chemie der Kruste kennen – das ist der Boden unter unseren Füßen – und gleichzeitig durch die Meteoriten wissen, wie einmal die Gesamtmischung aussah, kann man daraus ableiten, welche Metalle und Mineralien es im Erdinneren gibt.

Wo verlaufen die Grenzen zwischen den Schichten?
Die Grenze zwischen Erdmantel und Erdkern zum Beispiel verläuft ziemlich genau in halber Tiefe, also in 2900 Kilometern Tiefe. Das wiederum weiß man vor allem durch seismische Messungen. Jedes größere Erdbeben setzt Erschütterungswellen frei, die sich durch den gesamten Erdball fortpflanzen. Diese Wellen haben aber je nach Material unterschiedliche Geschwindigkeiten. Wenn die Erde in Kalifornien bebt, kann man messen, wann und wie die Erschütterungswellen dieses Bebens in Europa oder in China ankommen.

Auch wenn wir nicht direkt ins Innere der Erde sehen können, gibt es also viele indirekte Hinweise darauf, wie die einzelnen Schichten beschaffen sind und wo im Erdinneren die Grenzen zwischen den verschiedenen „Schichten“ verlaufen.

Gibt es eine Globale Verdunkelung?

Jein. Richtig ist, dass im weltweiten Durchschnitt die Sonneneinstrahlung auf der Erde heute um etwa 4 Prozent geringer ist als vor 50 Jahren. Der Hauptgrund dafür ist die Luftverschmutzung.

Beim Verbrennen von Kohle, Öl und Gas, aber auch einfach Holz gelangen kleinste Partikel – sogenannte Aerosole – in die Atmosphäre. Diese Aerosole verdunkeln zum einen selbst den Himmel, zum anderen sind es Kondensationskeime für Wassertröpfchen. Sie führen damit zu einer verstärkten Wolkenbildung. Und Wolken verdunkeln den Himmel ebenfalls, sie reflektieren Sonnenstrahlen.

Jetzt sagt sich der gesunde Menschenverstand: Wenn heute weniger Sonnenstrahlen auf die Erde kommen als vor 50 Jahren, müsste es eigentlich kühler werden – doch alle seriösen Klimaforscher sagen, es wird wärmer. Wie passt das zusammen?

Für die globale Erwärmung sind bekanntlich die Treibhausgase verantwortlich, vor allem das CO_2. Sie sorgen dafür – deshalb „Treibhauseffekt" –, dass Energie, die über Sonnenstrahlen zur Erde gelangt, stärker in der Atmosphäre bleibt als früher. Und dieser Erwärmungseffekt ist unterm Strich stärker als der abkühlende Verdunkelungseffekt durch die Aerosole. Viele Klimaforscher vermuten allerdings, ohne die Verdunkelung durch die Luftverschmutzung wäre das Klima heute sogar noch wärmer, als es ohnehin schon ist. Daneben hat die Verschmutzung selbst neben einem kühlenden einen wärmenden Effekt. Denn ein Teil der Aerosole liegt in Form von Ruß vor – und Ruß hat auch eine Treibhauswirkung, weil er Wärme absorbiert.

Nun kommt bei der Betrachtung noch etwas hinzu: Der Vergleich zwischen der Situation heute und vor 50 Jahren ist etwas unpräzise, denn seit den 1980er-Jahren geht vor allem in den Industrieländern die Luftverschmutzung zurück (wohlgemerkt: Damit sind Schmutzpartikel gemeint, nicht der Ausstoß von Treibhausgasen!), die Atmosphäre wird langsam klarer, und so lässt der Verdunkelungseffekt inzwischen schon wieder nach.

Gleichzeitig hört man doch immer vom Problem der Lichtverschmutzung – wie passt das dazu?

Bei der Lichtverschmutzung geht es nicht um Sonnenlicht, sondern um künstliches, elektrisches Licht. Darum, dass wir vor lauter Beleuchtung in den Städten die Sterne nicht mehr sehen. Eigentlich ist das ein anderes Thema, aber die Lichtverschmutzung trägt indirekt das dazu bei, dass der globalen Verdunkelung über vielen Städten eine lokale Erhellung des Himmels entgegensteht. Denn gerade auch Wolken reflektieren die Lichter der Großstadt.

Das hat Konsequenzen: In früheren Zeiten war der Himmel in klaren Nächten heller als bei Bewölkung. Bei wolkenverhangenem Himmel war der Nachthimmel pechschwarz, während in klaren Nächten immerhin noch der Mond sowie die Summe der Sterne etwas Licht zur Erde warfen. Heute ist es, vor allem über den großen Städten, umgekehrt: Da reflektieren die Wolken so viel Licht von den Städten, dass der Himmel heller ist als in klaren Nächten.

Berliner Forscher haben sogar herausgefunden, dass es bei den verschiedenen Lichtanteilen Unterschiede gibt. Vor allem die roten Anteile des Lichts werden von den Wolken besonders stark reflektiert – man könnte übertrieben formulieren: Der Himmel wird zur Rotlichtzone. Deshalb also mein anfängliches „Jein“: Ja, es gibt den Effekt einer globalen Verdunkelung – bezogen auf das Tageslicht –, aber erstens geht der schon wieder zurück, und zweitens gibt es gleichzeitig vielerorts den Effekt einer Aufhellung des Himmels nachts.

Wo liegt der trockenste Ort der Erde?

Sahara? Death Valley? Atacama-Wüste? Nein!

Auch wenn man den trockensten Ort spontan in einer heißen Wüste suchen würde, haben Wissenschaftler inzwischen festgestellt, dass sich die trockensten Orte ganz woanders befinden: in der Antarktis.

Auf einer Weltkarte ist die Antarktis meist ganz weiß dargestellt. Das erweckt den Eindruck, als sei der gesamte Kontinent von einem großen Eispanzer bedeckt. Doch in Wahrheit gibt es in der Antarktis zum einen mächtige, mehr als 4000 Meter hohe Gebirge, die aus dem Eis herausragen, zum anderen ganze Täler, die komplett eisfrei sind – und das offenbar seit Millionen von Jahren. Dort ist es zwar eiskalt – bis zu −50 °C in den Tälern, bis zu −70 °C auf den Bergrücken –, aber die Luft ist so trocken, dass man wohl Jahre, vielleicht sogar Jahrzehnte warten kann, bis da mal ein Schneeflöckchen fällt.

Seit bekannt ist, wie extrem trocken es da ist, interessieren sich zunehmend sowohl Astronomen als auch die Raumfahrtinstitutionen für diese Gegenden, vor allem für die Bergrücken: Die NASA, weil sie sagt, das sind fast schon Bedingungen wie auf dem Mars – da können wir prima unsere Marsroboter testen. Und die Astronomen, weil man in solch trockenen Gegenden natürlich toll die Sterne beobachten kann. Manche Astronomen sagen sogar: Würde man dort eine Sternwarte bauen, könnte die es durchaus mit dem Hubble-Weltraumteleskop aufnehmen, jedenfalls was die Schärfe der Bilder angeht.

Astronomen suchen ja für ihre großen Observatorien bewusst möglichst trockene Gegenden. Bisher galt da die chilenische Atacama-Wüste als der optimale Platz. Früher galt sie als der trockenste Ort der Erde; der durchschnittliche Jahresniederschlag liegt bei 0,1 Millimeter. Im Vergleich dazu ist die Sahara mit im Schnitt 40 Millimetern Jahresniederschlag ein wahres Feuchtgebiet. Die Atacama-Wüste ist also nochmal zwei Größenordnungen trockener als die Sahara, und deshalb stehen dort heute schon wichtige große Sternwarten. Und zumindest denken Forscher darüber nach, solche Sternwarten auch in der Antarktis zu bauen.

Wie entstehen Morgenrot und Abendrot, und warum verraten sie etwas über das kommende Wetter?

Die rötliche Färbung des Himmels – egal ob morgens oder abends – entsteht durch die Streuung des Sonnenlichts. Wenn Sonnenlicht durch auf die Erde scheint, werden die einzelnen Lichtstrahlen an den Gas-, Staub- und Wasserteilchen in der Atmosphäre gestreut, also umgelenkt. Dabei spaltet sich das weiße Licht in seine Bestandteile auf – die Regenbogenfarben –, denn Lichtstrahlen der einzelnen Farben werden unterschiedlich stark abgelenkt. Je energiereicher das Licht, desto stärker die Ablenkung.

Blaues Licht zum Beispiel ist kurzwellig und energiereich – es wird deshalb stärker umgelenkt als das energieärmere orangefarbene und rote Licht. Stellen wir uns nun die Sonne am Morgen- oder Abendhimmel vor. Von ihr gelangen vor allem die flachen Lichtstrahlen zu unserem Auge, die wenig abgelenkt werden – also die rötlichen. Die anderen – die blauen und grünen Anteile des Lichts – sind zwar vorhanden, nur werden in ganz andere Richtungen gestreut, daher sehen wir die nicht. Aus diesem Grund erscheint die Abend- und die Morgensonne meist rötlich. Wenn aber der Himmel großflächig rot ist, kommt meist noch etwas hinzu, nämlich Staub und Wassertröpfchen in der Luft, an denen die flachen Lichtstrahlen noch einmal gestreut werden. Rot ist der Himmel also meist dann, wenn gleichzeitig auch Wolken vorhanden sind – und seien es Schleierwolken.

Morgenrot und Abendrot entstehen somit ähnlich – warum sagt man trotzdem „Abendrot: Schön-Wetter-Bot – Morgenrot: schlecht Wetter droht“?

Das hängt damit zusammen, dass wir in unseren Breiten in der Regel Westwind haben und damit das Wetter tendenziell von Westen kommt (warum das so ist, steht in der nächsten Antwort). Beim Abendrot haben wir also meist folgende Situation: Die Sonne steht im Westen, dort am Horizont ist der Himmel klar und wolkenfrei – sonst hätte die Sonne keine freie Bahn. Gleichzeitig stehen zwischen uns als Beobachter und der Sonne irgendwo Wolken, die von der Sonne angestrahlt werden – das macht den Himmel rot. Steht nun die Abendsonne im Westen, befindet sie sich also tendenziell dort, wo gewissermaßen der Wind das Wetter von morgen herweht. Das heißt, dass der klare Himmel – dort, wo wir die Sonne am Abend sehen – morgen bei uns ist. Deshalb Schön-Wetter-Bot.

Bei Morgenrot ist es genau umgekehrt. Dann ist das Wetter im Osten zwar schön, dort scheint die Sonne, aber das nützt nichts, weil von Westen her eine Wolkenfront kommt bzw. schon soweit da ist, dass sie die Sonnenstrahlen abfängt und den Himmel morgens rot erscheinen lässt. Insofern ist das Morgenrot wie ein Abschiedsgruß des schönen Wetters, das nach Osten wegzieht.

Warum weht der Wind überwiegend aus Westen?

Das ist nicht überall auf der Erde so. Aber gerade in den mittleren Breiten, in denen wir leben, kommt tatsächlich der Wind meist aus West. Das hängt zum einen mit der Erddrehung zusammen – also damit, dass sich die Erde von West nach Ost dreht –, zum anderen mit unserer Position auf der Erde:

Wir leben klimatisch in einer Gegend, in der sich immer wieder Hoch- und Tiefdruckgebiete abwechseln – das kennen wir aus dem Wetterbericht. Das liegt daran, dass wir uns in einem Grenzgebiet befinden zwischen zwei Zonen, die sich wie Gürtel um die Erde ziehen. Südlich von uns – in Südeuropa und vor allem Nordafrika – befindet sich eine Hochdruckzone. Deshalb ist es in Nordafrika so heiß und trocken. Nördlich von uns dagegen – Richtung Skandinavien, oder allgemein Richtung nördlicher Polarkreis – befindet sich ein Gürtel mit überwiegend Tiefdruckwetterlagen.

Zwischen diesen beiden Zonen – platt gesagt: zwischen der Sahara und dem Polarkreis – herrscht somit tendenziell ein Druckgefälle. Infolgedessen strömen Luftmassen vom Hochdruck- zum Tiefdruckgebiet; das wäre also eigentlich von Süd nach Nord. Diese Luftströmungen werden allerdings nach Osten abgelenkt (Wetterexperten sprechen von der Corioliskraft). Daran ist die Erdrotation schuld, aber auch die Trägheit der Luftmassen.

Und das kommt so: Die Erde dreht sich bekanntlich in 24 Stunden einmal um sich selbst. Nehmen wir an, Sie befinden sich am Äquator; der hat einen Umfang von 40 000 Kilometern. Da Sie sich mit der Erde drehen, bewegt sich jeder Punkt auf dem Äquator – somit auch Sie – sich faktisch mit einer Geschwindigkeit von 40 000 Kilometer pro Tag nach Osten, nämlich einmal um die Erdachse.

Anderswo bewegen Sie sich langsamer. Am Äquator sind sie ja weit weg von der Erdachse. Entfernen Sie sich vom Äquator und bewegen sich Richtung Nordpol, rücken Sie immer näher an die Erdachse heran (am Nordpol selbst stehen Sie direkt auf ihr). Zwar bewegen wir uns auch in Deutschland an jedem Tag einmal um die Erdachse – nämlich entlang des, sagen wir, 50. Breitengrads –, aber in Kilometern beträgt dieser „Weg“ nur 26 000 Kilometer, ist also viel kürzer als am Äquator.

Was hat das nun mit dem Wind zu tun?

Stellen Sie sich vor, Sie sind ein Luftmolekül in der Sahara und fliegen nach Norden – weil da der Luftdruck niedriger ist. Sie starten also in Afrika, nicht weit vom Äquator, und haben dort eine relativ hohe Bahngeschwindigkeit. Der Standort unter Ihnen – und damit auch Sie – bewegt sich wegen der Erddrehung mit vielleicht 36 000 Kilometer pro Tag nach Osten. Diese Geschwindigkeit behalten Sie auf Ihrem Weg nach Norden bei, denn Sie haben, wie jeder Körper, eine Trägheit. Doch kommen sie jetzt in eine Gegend, in der sich die Erdoberfläche verglichen mit Ihnen immer langsamer bewegt. Umgekehrt heißt das: Sie bewegen sich in Relation zur Erde unter Ihnen schneller. Ähnlich wie jemand, der aus einem fahrenden Zug springt. Für einen Beobachter auf der Erde fliegen Sie – als Luftmolekül – Richtung Osten. Und wenn man sich das jetzt in groß vorstellt, mit ganz vielen Luftmolekülen, dann bedeutet das, dass der Wind, der von Süden nach Norden „will", scheinbar nach Osten abgelenkt wird. Der Wind weht dann im Ergebnis von West nach Ost. Das ist der wesentliche Grund, weshalb bei uns der Wind überwiegend aus dem Westen kommt.

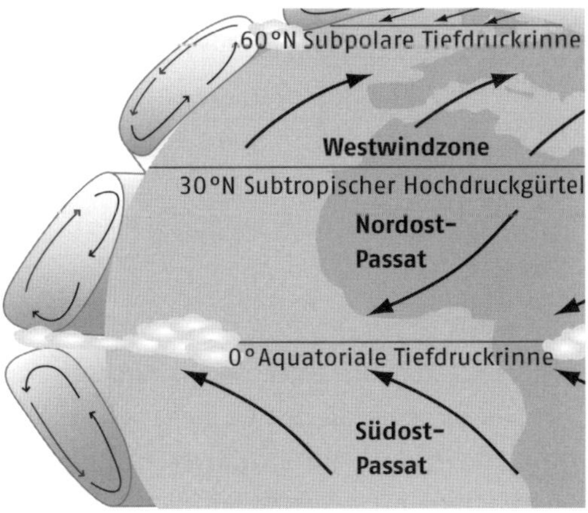

Windrichtungen in Afrika und Europa.
Zu den Strömungen auf der linken Seite siehe Grafik S. 48

Wie entstehen die Passatwinde, zum Beispiel in Nordafrika?

In Afrika wehen in der Tat andere Winde als bei uns. Während wir (siehe das vorhergehende Kapitel) den meisten Wind aus Westen bekommen, weht er dort – vor allem zwischen Sahara und Äquator – vor allem aus Nordosten. Das sind die berühmten Passatwinde.

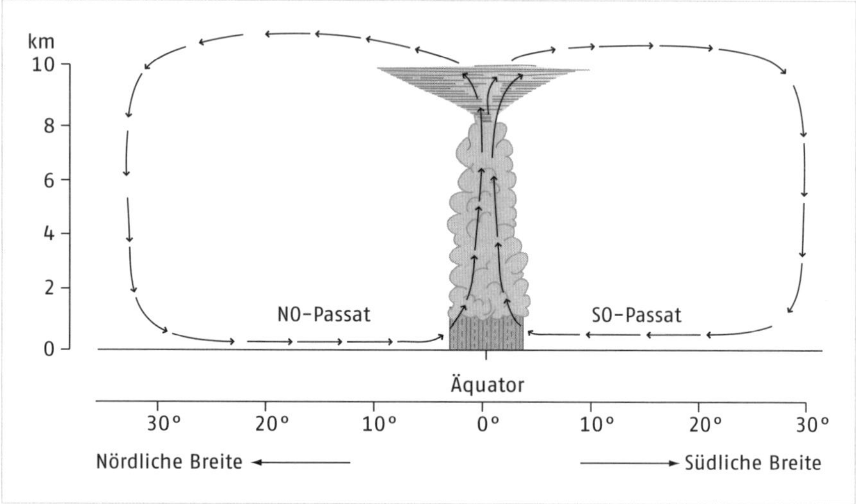

Entstehung der Passatwinde

Um sie zu verstehen, fängt man am besten beim Äquator an. Dort ist die Sonneneinstrahlung besonders groß, die Sonne steht fast senkrecht und heizt die Erdoberfläche entsprechend stark auf. Dadurch wird die Luft am Boden sehr schnell sehr heiß, und heiße Luft steigt bekanntlich auf.

Diese aufsteigende Luft aber hinterlässt kein Vakuum, sondern wird ersetzt durch nachströmende Luft aus der Nachbarschaft des Äquators, also von Norden oder von Süden. Nordafrika liegt nördlich des Äquators, also strömt dort zunächst Luft von Norden nach Süden. Das ist der Passatwind.

Hier passiert nun das gleiche wie bei den Westwinden, von denen in der vorigen Antwort die Rede war: Auch die Passatwinde werden durch die Corioliskraft nach rechts, also im Uhrzeigersinn, abgelenkt. Deshalb strömt die Luft eben nicht mehr genau aus dem Norden, sondern aus Nordost – und so entstehen die Nordostpassate, die auf der Nordhalbkugel der Erde den Regelfall darstellen. Auf der Südhalbkugel ist die Situation umgekehrt, da weht der Passatwind meist aus Südost.

Warum sind Gewitterwolken dunkel?

Weil sie so mächtig sind, dass sie der Sonne den Weg versperren. Wer im Flugzeug über die Wolken fliegt, weiß, dass sie von oben weiß sind, weil die Sonne drauf scheint. Von unten aber sind manche dunkler als andere.

Wolken bestehen aus vielen winzigen Wassertröpfchen und Eiskristallen, sie sind somit farblos. Das heißt, wenn Wolken weiß, grau oder schwarz erscheinen, dann ist das nicht ihre Eigenfarbe. Dunkle Wolken sind also nicht „schmutzig", sondern das ist das Ergebnis des Lichteinfalls.

Schönwetterwolken sind kleiner und nicht so mächtig. Wenn auf solch eine Wolke Sonnenlicht fällt, wird es an den einzelnen Tröpfchen gebrochen und gestreut. Aber die Lichtstrahlen kommen trotzdem noch unten an. Außerdem ist die Wolkendecke bei schönem Wetter so locker, dass das Sonnenlicht auch seitlich noch einfallen kann – also erscheinen diese Wolken weiß. Gewitterwolken dagegen sind mächtig, oft mehrere Kilometer dick und bilden meist eine geschlossene Decke. Deshalb kommt dort das Licht von oben nicht mehr durch. Es wird zwar an den vielen Tröpfchen gestreut, aber je mehr Tröpfchen im Weg sind, desto weniger Licht kommt unten an. So wie im Meer ab einer bestimmten Tiefe auch kein Licht mehr durchkommt.

Warum sind Wolken manchmal deutlich abgegrenzt wie „Schäfchenwolken", manchmal eher diffus?

Wolken haben nie einen so scharfen Rand wie es von unten manchmal aussieht. Das wird im Gebirge schnell klar oder wenn man im Flugzeug die Wolkendecke durchdringt. Es beginnt immer mit ein paar Nebelschwaden, die dann zunehmend dichter werden. Aber es stimmt schon: Der Übergang vollzieht sich bei manchen Wolken auf eine so kurze Distanz, dass es aus größerer Entfernung so aussieht, als hätte sie einen scharfen Rand. Zumindest bildet diese Art von Wolken – die berühmten Schäfchen- oder „Blumenkohlwolken" – am Himmel klare abgegrenzte Haufen, die man zum Beispiel zählen kann. In anderen Fällen dagegen bildet sich eher eine geschlossene Wolkendecke oder ein paar diffuse Schleierwolken.

Welcher Wolkentyp entsteht, hängt vor allem von den jeweiligen Luftbewegungen ab. Wolken entstehen, wenn Luft aufsteigt, dabei abkühlt und der Wasserdampf dadurch kondensiert. Grundsätzlich gilt in der Atmosphäre: Wenn irgendwo Luft aufsteigt, muss irgendwo anders Luft absinken. Und wenn Luft absinkt, passiert das Gegenteil – dann lösen sich Wolken tendenziell auf. Dieses Muster aus aufsteigender und absinkender Luft kann sich aber großräumig oder kleinräumig abspielen. Ich will zwei Extremfälle skizzieren: Wenn die Luft gleichmäßig über einer weiten Fläche aufsteigt, dann entsteht dort tendenziell eher eine geschlossene Wolkendecke. Während ganz woanders – vielleicht 1000 Kilometer weiter – Luftmassen zum Ausgleich absinken und dort der Himmel blau ist.

Es kann aber auch sein, dass diese Luftbewegungen viel kleinräumiger sind. Zum Beispiel dass wir eine Luftsäule von vielleicht 500 Metern Durchmesser haben, die aufsteigt, und daneben eine andere Säule, in der die Luft absteigt. Dort, wo die Luft aufsteigt, bildet sich eine Wolke, in der anderen daneben nicht. Solche Wolken sind auch deshalb vor allem oben eher rund und buschig, weil in der Mitte der Wolke die Luft am schnellsten aufsteigt, und dadurch der Prozess der Kondensation schneller größere Höhen erreicht. Denn wenn Luft schnell aufsteigt, kühlt sie sich auch umso schneller ab, das Wasser kondensiert schneller, die Tröpfchen werden größer, und je größer die Tröpfchen sind, desto sichtbarer sind sie, deshalb erscheint der Kontrast zwischen Wolke und Himmel entsprechend schärfer.

Fazit: Wolken haben dann einen scheinbar scharfen Rand, wenn Luft lokal begrenzt schnell aufsteigt. Wolken mit diffusem Rand entstehen dagegen entweder durch eher unregelmäßige Luftverwirbelungen oder einfach dadurch, dass die Luft in der Atmosphäre insgesamt einfach abkühlt – zum Beispiel, weil die Sonne untergeht. In diesen Fällen entsteht dann eine Situation, wo eher zufällig mal hier, mal dort die für die Wolkenbildung kritische Temperatur unterschritten wird, sodass sich an einer Stelle ein paar Schwaden bilden, an der anderen wieder nicht. Anders als bei den Haufenwolken gibt es dort aber keine klar umrissene Aufwindzone, wo sich eine Wolke bildet.

Warum sehen Wolken oft so aus wie unten „abgeschnitten" bzw. als lägen sie auf einer Glasplatte?

Das passiert, wenn die Atmosphäre relativ gleichmäßig geschichtet ist. Wolken entstehen, wenn die relative Luftfeuchtigkeit höher ist als 100 Prozent. Dann nämlich ist die Luft wasserdampfgesättigt. Damit keine Missverständnisse entstehen: Wasserdampf ist unsichtbar. Es ist also nicht das, was man sieht, wenn zum Beispiel ein Topf mit heißem Wasser „dampft". Die Schwaden, die dabei aufsteigen, bestehen aus flüssigen Tröpfchen in der Luft. Wasserdampf dagegen ist gasförmig. Wenn Wasser irgendwo verdunstet, kann die Luft eine bestimmte Menge Wasser in Gasform aufnehmen. Ist diese Menge überschritten, fängt das Wasser an zu kondensieren und Tröpfchen zu bilden. Spricht man von „100 Prozent Luftfeuchtigkeit", ist genau diese Grenze gemeint: zwischen einem Zustand, in dem die Luft Wasserdampf ausschließlich in Gasform enthält, und dem Zustand, in dem sich Tröpfchen und somit Nebel oder Wolken bilden.

Jetzt kommt aber der nächste Faktor ins Spiel, nämlich die Temperatur. Je wärmer die Luft ist, desto mehr Wasserdampf kann sie aufnehmen. Bei 0 °C nimmt sie höchstens 5 Gramm Wasser pro Kubikmeter auf. Sobald weiterer Wasserdampf dazukommt, bildet sich Nebel – deshalb ist es im Spätherbst oft neblig; geringe Mengen von Wasserdampf genügen, um die Luft damit zu sättigen.

Steigt die Lufttemperatur dagegen auf 20 °C, kann sie mehr als die dreifache Menge Wasserdampf speichern. Und damit wird klar, warum sich Wolken bilden: Sie bilden sich, wenn Luft abkühlt. Denn beim Abkühlen wurde irgendwann die Fähigkeit der Luft unterschritten, Wasserdampf in gasförmiger Form zu halten. An der absoluten Wassermenge in der Luft muss sich dabei gar nichts ändern. Die Abkühlung alleine reicht, dass der Sättigungspunkt erreicht wird und sich Tröpfchen bilden.

Die Wolken, die scheinbar unten „abgeschnitten" sind, kann man jetzt relativ einfach erklären: Die Sonne erwärmt die Luft am Boden. Diese Luft nimmt aus dem Boden eine bestimmte Menge Wasser auf. Weil sie warm ist, steigt sie auf. Je höher sie steigt, desto mehr kühlt sie ab; im Schnitt um 1 °C pro 100 Höhenmeter. In 2000 Metern Höhe ist sie also um 20 °C abgekühlt. Je nachdem, wie viel Wasserdampf sie enthält, erreicht sie irgendwo auf dem Weg nach oben den Punkt, wo das Wasser anfängt zu kondensieren. Vielleicht bei 1800 Metern. Wenn das über einer größeren Fläche gleichmäßig passiert, also die Luft stabil geschichtet ist, es keine Turbulenzen gibt, und sie überall ungefähr die gleiche Wassermenge enthält, dann beginnt auch die Wolkenbildung jeweils in der gleichen Höhe. Die Unterseite der Wolken scheint dann eine durchgehende Ebene zu bilden, als lägen die Wolken auf einer Glasplatte.

Wie schwer sind Wolken? Und warum fallen sie nicht herunter?
Man denkt immer, Wolken seien ganz leicht – so wie sie da oben im Himmel schweben. Immerhin fallen sie ja nicht runter. Und natürlich kann man Wolken auch nicht auf eine Waage legen. Wohl aber kann man ihr Gewicht ungefähr ausrechnen. Denn Wolken bestehen aus kleinsten Wassertröpfchen oder Eiskristallen und zwischen diesen Tropfen oder Kristallen befindet sich ganz viel Luft (und Wasserdampf). Es ist wirklich viel mehr Luft als Wasser: Ein Kubikmeter Wolke enthält in der Regel nicht einmal ein Gramm Wasser, meistens noch viel weniger.

Und davon hängt das Gewicht einer Wolke ab: Wie viel Wasser enthält sie? Und natürlich: Wie groß ist sie insgesamt, welches Volumen nimmt sie ein? Denn es liegt ja auf der Hand, dass eine fette dunkle Quell- oder Regenwolke, schon allein weil sie mehrere Kilometer mächtig ist, schwerer ist als so eine kleine feine Cirruswolke.

Und wie kann man das Gewicht nun messen?
Am besten mithilfe von Satelliten, und dabei vor allem mit Radarmessungen. Radarsatelliten funktionieren nach dem Echo-Prinzip: Der Satellit sendet elektromagnetische Wellen aus, diese Wellen treffen irgendwo auf und werden zurückgeworfen zum Satelliten. Auch die Wassertröpfen und Eiskristalle in einer Wolke reflektieren diese Radarwellen. Manche Radarwellen dringen weiter in die Wolken ein als andere, bis sie auf ein Tröpfchen stoßen – so kann der Satellit aus den unterschiedlichen Laufzeiten ermitteln, wie dicht die Tröpfchen in der Wolke beieinander sind – je dichter, desto eher werden im Schnitt die Wellen reflektiert. Daraus wiederum lässt sich ableiten, wie hoch das Verhältnis zwischen Wasser und Luft in der Wolke ist – und daraus wiederum das Gewicht.

Und was kommt dabei heraus?
Nehmen wir eine kleine Schönwetterwolke mit der Ausdehnung eines Fußballfeldes und einer Höhe von ungefähr einem Kilometer, dann kommen wir auf ein Gewicht von 5–10 Tonnen. Das bedeutet: Wenn diese Wolke sich plötzlich sich in einen Platzregen verwandeln würde, wäre das die Menge des Wassers, die zu Boden geht. Aus diesen 5–10 Tonnen können aber schnell Hunderte oder Tausende von Tonnen werden, wenn die Wolke größer wird. Wenn sich unsere kleine zarte Wolke – und das kann ja leicht passieren – zu einer großen Regenwolke aufplustert, zehnmal so lang, zehnmal so breit und fünfmal so hoch, dann wächst das Gewicht gleich auf das 500-Fache an. Und wir reden

jetzt nur vom Gewicht der Tröpfchen – und somit nur von dem Gewicht, das die Wolke zusätzlich hat im Vergleich zu einem gleich großen Luftvolumen.

Und warum fallen sie dann nicht runter?
Die Tropfen fallen schon, aber sehr langsam. Denn die einzelnen Tröpfchen sind winzig klein. Es ist ja im Grunde Wasserstaub – so wie wenn man Wasser aus einem Zerstäuber sprüht. Da fallen die Tröpfchen auch nur langsam hinunter, und in den Wolken fallen sie noch viel langsamer, weil die Tropfen zum Teil noch kleiner sind. Und weil schon kleinste Luftströmungen genügen, um sie wieder hochzuwirbeln – Wolken entstehen ja gerade auch in solchen Gebieten, in denen Luftmassen aufsteigen. Sie fallen erst dann richtig schnell hinunter, wenn sich die kleinen Tröpfchen zu immer größeren zusammenschließen. Der Fachausdruck dafür heißt: Regen.

Wie entsteht Wetterleuchten?

Wetterleuchten – so nennt man das, wenn die Atmosphäre flackert. Es erinnert entfernt an ein Gewitter, nur dass eben meist kein klar abgegrenzter Blitz erkennbar ist und man oft auch keinen Donner hört. Es gibt zwei Möglichkeiten, wie dieses Phänomen zustande kommt. Beim Wetterleuchten handelt es sich entweder um ein Gewitter, das so weit weg ist, dass man den Blitz selbst nicht sieht – zum Beispiel weil er hinterm Horizont ist. Man sieht dann nur die Luftschichten, die vom Blitz erleuchtet werden. Das Licht des Blitzes kann auf dem Weg durch die Atmosphäre noch an der ein oder anderen Wolke reflektiert werden, sodass dann eher dieser Eindruck des diffusen Flackerns entsteht – im Unterschied zu dem scharfen Blitz eines Gewitters in der unmittelbaren Nachbarschaft.

Zweite Möglichkeit: Neben den normalen Blitzen, die wir vom Gewitter kennen – die Blitze, die von einer Wolke zum Erdboden schlagen –, gibt es auch Blitze innerhalb von Wolken. Eine Gewitterwolke ist ja unten negativ und oben positiv geladen, sodass es in ihr zu Blitzentladungen von unten nach oben kommen kann. Weil diese Blitze aber von der Wolke selbst umgeben sind – also von Wassertröpfchen und Eiskristallen –, wird das Licht in den Wolken gestreut, sodass es von weitem eben mehr wie ein Flackern aussieht.

Grundsätzlich folgt auf einen Blitz immer ein Donner – einfach weil der Blitz die Luft so stark erhitzt, dass er eine Schallwelle „lostritt“. Nur ist das Gewitter bei einem Wetterleuchten so weit weg, dass man den Donner entweder gar nicht hört oder nur als schwaches Brummen – was dann vielleicht auch noch so zeitverzögert kommt, dass man es gar nicht mehr mit dem Blitz in Verbindung bringt. Je weiter ein Gewitter weg ist, desto länger braucht der Schall, desto mehr Zeit vergeht zwischen Blitz und Donner.

Gibt es Blitze aus heiterem Himmel?

Ja – mit gewissen Einschränkungen. Ist der Himmel wirklich strahlend blau – kein Wölkchen weit und breit –, dann wäre es schon sehr ungewöhnlich, würde da plötzlich ein Blitz einschlagen. Es kann aber tatsächlich Blitze geben, ohne dass im engeren Umkreis eine Gewitterwolke zu sehen wäre. Die Betonung liegt dabei auf „im engeren Umkreis", denn irgendwo in 10–20 Kilometern Entfernung findet sie sich dann in der Regel doch. Aber sie sticht vielleicht nicht ins Auge, oder ein Berg ist dazwischen, sodass der Blitz wirklich wie aus heiterem Himmel wirkt.

Für die Entstehung solcher Blitze gibt es eine Erklärung, die in der Fachzeitschrift *Nature Geoscience* im Jahr 2008 veröffentlicht wurde. Sie lautet: Solche Blitze entstehen zunächst unter denselben Bedingungen wie gewöhnliche Gewitter: Es gibt eine mächtige Wolke mit starken Aufwinden. Diese Winde transportieren Wassertröpfchen bzw. Eiskristalle nach oben – darunter auch solche, die elektrisch positiv geladen sind. Dadurch wird der obere Teil der Wolke insgesamt positiv geladen, der untere negativ. So bauen sich Spannungen auf, die sich irgendwann in Form von Blitzen entladen.

Jetzt gibt es verschiedene Varianten. Die üblichen Blitze, die für uns gefährlich sein können, führen von der Wolke zum Boden. Hierbei entlädt sich die Spannung zwischen dem unteren, negativen Teil der Wolke und dem noch einigermaßen neutralen Erdboden. Daneben gibt es aber auch Blitze innerhalb der Wolke, nämlich zwischen dem unteren negativen Teil und dem oberen positiven Teil. Und das sind hier die für uns interessanten.

Manchmal geschieht diese Entladung zwischen dem unteren und dem oberen Abschnitt der Wolke nicht vollständig, zum Beispiel weil es oben in der Wolke nicht genügend positive Teilchen gibt, um die negative Ladung unten auszugleichen. Und dann kann zweierlei passieren. Entweder der Blitz setzt sich dann über die Wolkengrenze noch weiter nach oben fort, oder aber: Er schlägt über einen Seitenast wieder einen Bogen zur Erdoberfläche – nur eben 10 oder 20 Kilometer von der eigentlichen Gewitterwolke entfernt. Und wie beim normalen Blitz kann dann auch ein Donner hinterherkommen.

Können Gewitter-Blitze auch farbig sein – ähnlich den Polarlichtern?

Der Himmel wird sich bei Gewitter nie in eine bunte Laser-Disco verwandeln. Aber wenn man Blitze fotografiert und die Fotografien vergleicht, kann man sehen, dass die einen vielleicht ein bisschen bläulicher sind und die anderen ein bisschen gelblicher. Dafür gibt es mehrere Gründe. Zum einen wird das Licht in der Atmosphäre unterschiedlich gebeugt, je nachdem, wo am Himmel der Blitz zu sehen ist. Außerdem erscheinen Blitze grundsätzlich umso gelblicher, je weiter sie entfernt sind – je weiter also der Weg des Lichts durch die Atmosphäre ist.

Aber es hängt auch von den sonstigen Lichtverhältnissen ab. Platt gesagt: So wie sich Wolken bei tiefstehender Sonne rötlich färben können, kann ein Blitz in der Abenddämmerung einen rötlichen Ton annehmen. Umgekehrt: Bei Nacht, wenn die Sonne schon untergegangen ist, also sonst kein Hintergrundlicht da ist, erscheinen Blitze eher bläulich. Dazu gibt es übrigens eine schöne Zeile von Hermann Hesse aus seinem Gedicht *Gang am Abend*:

Wind und Schnee und Sonnenhitze
vieler Jahre klingt mir nach
Sommernacht und blaue Blitze
Sturm und Reiseungemach.

Auch Hesse hatte also einen Blick für die unterschiedliche Farbigkeit der Blitze. Aber letztlich sind das Farbnuancen, die durch die Umgebung entstehen. Blitze an sich sind weiß.

Braucht man heute keine Blitzableiter mehr?

Doch. An den Empfehlungen und Richtlinien hat sich nichts geändert. In der Regel sind aber gerade bei Wohnhäusern keine Blitzableiter vorgeschrieben. In den Vorschriften gibt es eine Blitzschutz-Pflicht nur für besonders gefährdete Bauten. Damit sind dann wirklich entweder besonders exponierte Gebäude gemeint oder solche Bauten, bei denen ein Blitzschlag zu großen Schäden führen können. Das können etwa alte denkmalgeschützte Häuser sein.

Natürlich kann ein Blitz auch in einem Neubau erheblichen Schaden anrichten. Aber er ist in der Regel kalkulierbar. So fangen moderne Häuser nicht mehr so schnell Feuer wie Fachwerkhäuser oder Häuser mit Strohdach. Die Gefahr, dass bei einem Blitzschlag gleich das ganze Haus abbrennt, ist heute deutlich geringer als früher. Allerdings haben wir heute viel mehr elektrische Geräte im Haus – Fernseher, Computer – sodass hier die Blitze, wenn sie einschlagen, oft einen größeren Schaden anrichten. Dabei geht dann nicht nur das Gerät kaputt, sondern der Blitz kann die ganze Elektroinstallation lahmlegen, wenn kein Blitzschutz vorgesehen ist. Dazu gehört übrigens nicht nur der Blitzableiter auf dem Dach, sondern auch der Überspannungsschutz in der Elektroanlage.

Das alles ist für die normalen Wohnhäuser aber nicht vorgeschrieben, und das mag ein Grund sein, warum viele Hausbesitzer oder Architekten sagen: Blitzableiter brauchen wir nicht. Es ist ja auch eine Kostenfrage. Früher gab es Anreize, zum Beispiel einen Nachlass bei der Brandschutzversicherung für Häuser mit Blitzschutz. Den gibt es heute in der Regel nicht mehr. Wenn es wirklich stimmt, dass immer weniger Häuser einen Blitzableiter haben, liegt es vielleicht genau daran: Dass es die Hausbesitzer Geld kostet. Sie schauen sich um und denken: Naja, um mein Haus herum gibt's Bäume oder andere Häuser, die noch höher sind, da wird der Blitz sich nicht gerade mein Haus aussuchen – und wenn, dann geht im schlimmsten Fall zwar die Elektrik kaputt, aber das zahlt ja die Versicherung. Hier vermute ich den Grund dafür, dass Blitzableiter heute weniger verbreitet sind als früher, auch wenn ich dazu keine harten Zahlen gefunden habe. Doch wenn es stimmt, mag es daran liegen: an einer geringeren Risikowahrnehmung, die nur zum Teil sachlich wirklich gerechtfertigt ist.

Danke an Prof. Dr. Klaus Stimper, Universität der Bundeswehr, München und Jochen Stoiber, Architektenkammer Baden-Württemberg

Warum ist der Regenbogen ein Bogen?

Man kann das darauf zurückführen, dass Wassertropfen rund sind. Ein Regenbogen entsteht, wenn die Luft mindestens leicht neblig ist, wenn also Wassertropfen in der Luft sind. Und man muss die Sonne im Rücken haben.

Dann passiert Folgendes: Die Sonne strahlt auf die Wassertröpfchen. Das Sonnenlicht trifft schräg auf die Oberfläche des Tropfens, wird dabei gebrochen und in seine Farbbestandteile aufgespalten – dadurch entstehen die Regenbogenfarben. Die Wassertropfen wirken wie ein Prisma. Schauen wir uns jetzt den Weg des einzelnen Sonnenstrahls an:

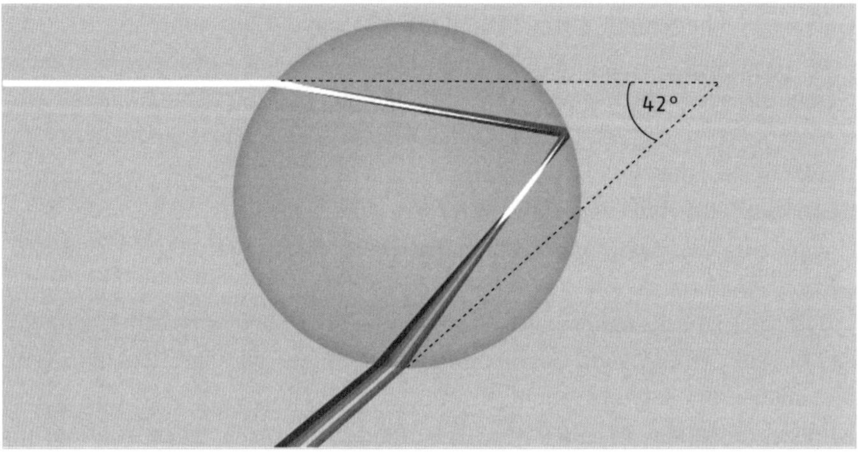

Brechung des Lichts in einem Wassertröpfchen und Aufspaltung in die Regenbogenfarben

Der Strahl trifft vorne auf den Tropfen auf, wird gebrochen, geht durch den Tropfen hindurch. An der hinteren Seite des Tropfens, der „Rückwand", wird er wieder zurückgeworfen – reflektiert – geht zurück durch den Tropfen, verlässt ihn (wird dabei erneut gebrochen) und erreicht schließlich das Auge des Betrachters. Da aber der Strahl in seine Farb-Bestandteile aufgebrochen wurde, wird nur ein bestimmter Ausschnitt des Farbspektrums in Ihr Auge gelenkt.

Welche Farbe das ist, hängt vom Winkel ab: Man kann eine Linie ziehen von der Sonne zum Tropfen und von da wieder zu Ihrem Auge. Und dieser Winkel entscheidet darüber, welche Farbe Sie zu sehen bekommen. Beträgt der Winkel 42 Grad, sind es in die roten Lichtanteile, die Ihr Auge erreichen. Für die violetten ist ein Winkel von 40 Grad nötig. Dazwischen bewegen sich die orangen, gelben und grünen Lichtanteile.

Wir reden aber nicht nur über einen einzelnen Tropfen, sondern über Tausende oder Millionen Tropfen. Jeder dieser Tropfen bildet mit dem Betrachter und der Sonne einen anderen Winkel. Manche bilden genau den Winkel, der dafür sorgt, dass die roten Anteile des Sonnenlichts mein Auge erreichen, aus anderen Tropfen erreicht mich dagegen orange oder gelbes Lichtanteile. Die allermeisten Tropfen in der Luft allerdings werden gar kein farbiges Licht in Ihr Auge werfen, weil sie einen dafür ungünstigen Winkel (größer als 42 oder kleiner als 40 Grad) mit Ihnen und der Sonne bilden.

Und so erklärt sich der „Bogen“: Alle Tropfen, die mit Ihrem Auge und der Sonne den jeweils gleichen Winkel bilden, befinden sich auf einer kreisförmigen Linie – wie mit einem Zirkel in die Luft gemalt. Alle Tropfen, von denen violettes Licht zu uns gelangt, bilden dabei einen Bogen, alle, von denen grünes, gelbes und rotes Licht zu uns gelangt, bilden auch jeweils einen Bogen. Und all diese einzelnen Bögen zusammen bilden dann den Regenbogen.

Wie entsteht ein doppelter Regenbogen?

Ein doppelter Regenbogen kommt nun zustande, wenn der Lichtstrahl im Tropfen nicht nur ein-, sondern zweimal gespiegelt wird. Dann tritt er nämlich in einem anderen Winkel – einem 51-Grad-Winkel – aus dem Tropfen wieder aus. Und die Verbindungslinie all dieser Tropfen, in denen sich die Lichtstrahlen zweimal spiegeln, bildet nun einen weiteren, eigenen Bogen. Dieser zweite Bogen ist größer, er umschließt den ersten und wegen der doppelten Spiegelung sind die Spektralfarben auch umgekehrt angeordnet. Beim Hauptregenbogen befindet sich innen Violett und außen Rot, beim sekundären äußeren Regenbogen ist es umgekehrt. Und dieser zweite Regenbogen ist immer ein wenig schwächer.

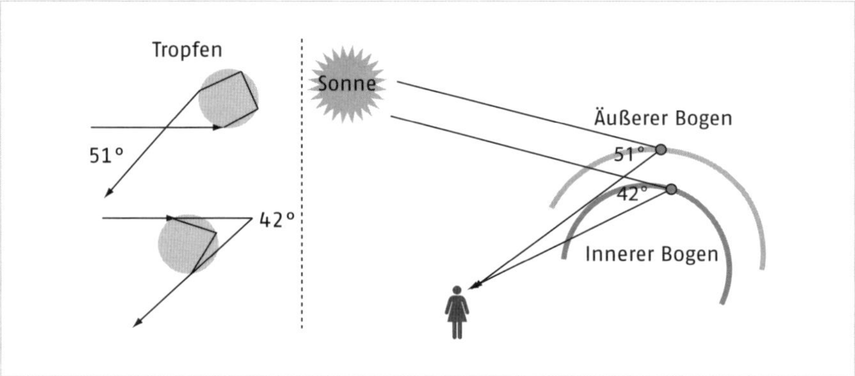

Entstehung des doppelten Regenbogens durch Spiegelung im Wassertropfen

Warum ist es im Sommer so warm, obwohl die Erde dann am weitesten von der Sonne weg ist?

Weil die Jahreszeit nicht von der Entfernung zur Sonne abhängt. Es ist schon richtig: Die Erde umkreist die Sonne nicht auf einer kreisförmigen, sondern einer elliptischen Bahn. Dadurch ist sie manchmal von der Sonne weiter weg, manchmal näher dran. Und tatsächlich ist die Entfernung in den Sommermonaten größer, den fernsten Punkt von der Sonne erreicht die Erde am 6. Juli. Am 3. Januar wiederum ist sie ihr am nächsten. Doch trotz dieser Nähe ist dann tiefster Winter – zumindest bei uns auf der Nordhalbkugel. Auf der anderen Seite der Erde ist dann bekanntlich Sommer. Nun bewohnen aber die Nordhalbkugler und die Südhalbkugler den gleichen Planeten und sind von der Sonne deshalb auch immer gleich weit weg. Das deutet darauf hin, dass die Jahreszeit nicht von der Entfernung zur Sonne abhängen kann.

Entscheidend ist vielmehr die Neigung der Erdachse. Sie bewirkt, dass beim Umlauf um die Sonne 6 Monate lang die Südhalbkugel der Sonne mehr zugeneigt ist und entsprechend mehr Sonnenlicht abbekommt. Und dann wieder 6 Monate die Nordhalbkugel. Dann ist bei uns Sommer: Die Sonne steht von uns aus gesehen relativ steil am Himmel und die Tage sind lang – der Energieeintrag ist entsprechend hoch und es ist warm. Im Winter dagegen ist die Nordhalbkugel von der Sonne weggeneigt. Dann steht die Sonne flach und die Tage sind kurz – wir kriegen deshalb im Winter weniger Strahlungsenergie ab und es ist kalt.

Und darauf kommt es an: Ist unsere Hemisphäre der Sonne gerade zu- oder abgeneigt? Das beeinflusst den Energieeintrag viel stärker als die Entfernung. Um es deutlich machen: Im Winter ist es bei uns nur 9 Stunden hell und im Sommer 15 Stunden – ein Riesenunterschied. Im Winter steht die Sonne nur 18 Grad über dem Horizont, im Sommer 64 Grad – auch das ist ein Riesenunterschied. Im Vergleich dazu beträgt der Entfernungsunterschied zwischen Sommer und Winter gerade mal knapp 4 Prozent.

Wie wirkt sich der Klimawandel auf unsere Winter aus? Verschieben sie sich nach hinten?

Nach hinten schieben sie sich nicht – der kälteste Monat im Jahr ist und bleibt der Januar. Aber wenn man sich die Entwicklung der letzten 130 Jahre anschaut, hat sich der Januar tendenziell stärker erwärmt als alle anderen Monate, im Schnitt um fast 2 °C. Blickt man auf die letzten 20–30 Jahre, so haben sich auch dort vor allem die Winter relativ stark erwärmt. Klimaforscher erwarten, dass der Trend grundsätzlich anhält.

Das kann allerdings sehr stark schwanken. Vor allem ist immer wieder mit extremen Kälteeinbrüchen zu rechnen. Der Grund dafür findet sich ganz im Norden des Planeten: Es sind die steigenden Temperaturen und die schrumpfende Eisfläche in der Arktis. Das verändert die globale Windzirkulation, vor allem die sogenannten Jetstreams in der Höhe. Dadurch kam es in den letzten Jahren häufiger als in früheren Wintern zu regelrechten Wellen von kalten Luftmassen aus dem Norden, die viel Schnee brachten. Darauf kann man sich allerdings nicht verlassen.

Wetter besteht aber nicht nur aus Temperatur – der zweite und klarere Trend ist: Die Winter werden insgesamt feuchter. Es fallen mehr Niederschläge. Als Schnee jedoch gehen sie verstärkt nur noch in den höheren Lagen nieder. In den letzten 60 Jahren hat sich die Schneesaison in Süddeutschland unterhalb einer Höhe von 300 Metern um ein Drittel verkürzt, in Lagen bis 800 Meter immerhin um 10–20 Prozent. Es wird also feuchter; weil es gleichzeitig auch wärmer wird, fällt der Niederschlag doch mehr als Regen denn als Schnee.

Stoßen Vulkane nicht viel mehr Treibhausgase aus als der Mensch?

Richtig ist: Vulkane stoßen CO_2 aus – aber im Schnitt pro Jahr nur ein Hundertstel dessen, was der Mensch im gleichen Zeitraum durch die Verbrennung fossiler Energien freisetzt. Der Ausbruch des Pinatubo 1991 beispielsweise war gewaltig, und vermutlich hat der Vulkanismus in jenem Jahr ein bisschen mehr zum CO_2-Gehalt beitragen. Aber im Verhältnis ist das nicht viel. Man kann ja zum Beispiel in Eisbohrkernen nachweisen, dass der CO_2-Gehalt vor der Industrialisierung 10 000 Jahre relativ stabil war – obwohl in diesen 10 000 Jahren natürlich immer wieder Vulkane ausgebrochen sind. Seit der Industrialisierung dagegen steigt der CO_2-Gehalt in der Atmosphäre an – und dieser Anstieg hängt sehr klar mit der Verbrennung von Kohle, Erdöl und Erdgas zusammen.

Geht man allerdings noch weiter in die Erdgeschichte zurück, kann man tatsächlich Zeiten finden, in denen Vulkanismus das Klima möglicherweise erwärmt hat. Der eine Zeitpunkt war vor 65 Millionen Jahren, als die Dinosaurier und viele andere Tier- und Pflanzenarten ausgestorben sind. Meist hört man davon, dass an diesem Aussterben ein großer Meteorit schuld war. Den Meteoriten gab es, aber inzwischen mehren sich die Stimmen, die sagen, der war's zumindest nicht alleine, sondern auch Vulkanismus hat maßgeblich das Klima verändert. Möglicherweise haben außerdem die Erschütterungen durch den Meteoriten zu vermehrten Vulkanausbrüchen geführt.

Diesen Vulkanismus damals kann man nicht vergleichen mit einzelnen Vulkanausbrüchen, wie wir sie heute kennen. Das war vielmehr ein gigantisches, großflächiges und jahrtausendelanges Dauergebrodel im heutigen Indien, der sogenannte Dekkan-Trapp-Vulkanismus. Wie es aussieht, sind damals wirklich solche Mengen an Treibhausgasen frei geworden, dass sich das Klima in geologisch relativ kurzer Zeit um 3–4 °C erwärmte (nachdem es sich vorher aufgrund von vermehrtem Staub und Aerosolen abgekühlt hatte). Das sind aber Ausnahmeereignisse in der Erdgeschichte, dagegen sind der Ausbruch des Pinatubo und all die anderen Vulkane, die hier und da mal ausbrechen, ein kleines Räuspern, mehr nicht.

Vulkane können allerdings auf andere Weise kurzfristig das Klima beeinflussen – aber in Form einer Abkühlung, nicht einer Erwärmung. Belegt ist das zum Beispiel für den Ausbruch des Tambora in Indonesien. Er hat bei uns 1815 zum berüchtigten „Jahr ohne Sommer" geführt, mit katastrophalen Auswirkungen auf die Landwirtschaft. Auch nach dem Ausbruch des Pinatubo 1991 war eine leichte globale Abkühlung messbar. Nur: Diese Auswirkungen sind kurzfristig und sie haben nichts mit Treibhausgasen zu tun, sondern mit Schwefel.

Vulkane spucken tatsächlich enorme Mengen Schwefelpartikel in die Luft, die das Sonnenlicht reflektieren – sie legen einen großen dünnen Schleier über den Himmel, der dazu führt, dass weniger Sonnenlicht zur Erde kommt. Dieser Effekt hält aber nur vielleicht ein, maximal 2–3 Jahre an, dann hat sich die Atmosphäre wieder normalisiert.

Vulkanausbrüche wie der des Pinatubo wirken sich also durchaus aufs Klima aus, allerdings eben nur kurzfristig und in Form einer Abkühlung, nicht einer Aufheizung. Was die Treibhausgase betrifft, ist der Einfluss des Menschen unterm Strich weitaus größer.

Wie misst man im Meer den Seegang, das heißt die Höhe von Wellen?

Früher – bis vor 50 Jahren – haben die Seeleute das einfach mit Augenmaß gemacht. Sie haben auf die Wellen geschaut und aufgrund ihrer Erfahrung den Seegang geschätzt. Heute gibt es verschiedene Methoden. Am wichtigsten sind Messungen mithilfe von Bojen, die an einer Art elastischer Leine am Meeresboden verankert sind. In den Bojen wiederum befinden sich Beschleunigungssensoren. Die messen ständig, ob und wie weit die Bojen sich im Wellengang nach oben und unten bewegen, und das Gleiche horizontal.

Anhand dieser Bewegungen kann man den Seegang messen – das heißt nicht nur, wie hoch die Wellen sind, sondern auch, in welche Richtung sich die Wasseroberfläche bewegt. Normalerweise werden diese Daten über einen Zeitraum von 20 Minuten erfasst. In diesen 20 Minuten kommen mal höhere und mal niedrigere Wellen, aber nur die höheren sind von Interesse. Genauer: Von allen Auf-Ab-Bewegungen wird das Drittel mit den stärksten Vertikalbewegungen genommen und daraus wird der Mittelwert gebildet. So ist die Wellenhöhe definiert, wie sie dann im Seewetterbericht angegeben wird.

Das wird ständig gemacht – nicht nur für die Schifffahrt, sondern zum Beispiel auch für die Betreiber von Ölplattformen oder Windparks. Für die sind diese Hinweise wichtig – gar nicht so sehr für die Windräder, die drehen sich ja hoch überm Meer. Aber für die ganze Logistik und Wartung, für die Leute, die zwischen den Offshore-Windkraftanlagen unterwegs sind und dort anlegen wollen, kann hoher Seegang zu einem Hindernis werden.

Aber das mit den Bojen funktioniert ja vermutlich nur in Küstennähe?

Das funktioniert überall dort, wo der Meeresgrund nicht allzu tief ist. Die deutschen Meeresgebiete erstrecken sich ja ohnehin nur über Ost- und Nordsee. Dort ist das Meer bis auf ganz wenige Stellen nicht tiefer als 200 Meter. So gibt es sechs Messpositionen in der Nordsee und drei weitere in der Ostsee.

Was es auch schon in Ansätzen gibt, sind Radar- oder Lasermessgeräte an Land. Dabei schickt man zum Beispiel von einem Gebäude an Land aus Radarstrahlen in bestimmten Winkeln aufs Meer. Diese werden von der Wasseroberfläche reflektiert. Anhand der Zeit, die der Radarstrahl braucht, um wieder zur Radarstation zurückzukommen, können die Computer dann ausrechnen, wie weit weg die Welle war und entsprechend, wie hoch sie gewesen ist.

Danke an Bundesamt für Seeschifffahrt und Hydrographie

Und draußen auf offener See – also zum Beispiel im Atlantik, wie macht man es da?
Dort wird der Wellengang noch überwiegend vom Schiff aus per „Augenmaß" geschätzt, ansonsten kommen auch Satellitenaufnahmen zum Einsatz. Die liefern allerdings nur ein sehr grobes Bild. Immerhin: Gerade diese Satellitenbeobachtungen haben vor ein paar Jahren erst zutage gebracht, dass es auf dem offenen Meer fast jeden Tag riesige sogenannte Monsterwellen gibt – nicht zu verwechseln mit Tsunamis, die bei Erdbeben entstehen. Diese Monsterwellen entstehen durch Überlagerung von normalen Wellen, die zusammenschwappen und sich dann zu bis zu 40 Meter hohen Wellen auftürmen. Davon hatten früher immer wieder Kapitäne berichtet, aber erst vor wenigen Jahren konnte mit Satelliten bewiesen werden, dass fast jeden Tag irgendwo in den Ozeanen solche Monsterwellen entstehen.

Warum fließen Flüsse wie der Rhein selbst in der Ebene so schnell – trotz des geringen Gefälles?

Steht man in Mannheim am Rhein, fließt der Fluss erstaunlich schnell an einem vorbei – immerhin mit 6–7 km/h: Schneller als ein zügiger Fußgänger! Und das, obwohl es in der Rheinebene kaum wirklich bergab geht. Basel liegt 250 Meter über dem Meeresspiegel, von dort bis zur Rheinmündung sind es 1000 Kilometer – so ergibt sich ein durchschnittliches Gefälle von 25 Zentimeter pro Kilometer. Das entspricht 0,025 Prozent – also fast nichts. Würden wir mit dem Fahrrad auf einer Straße mit so geringer Neigung fahren, würden wir von einem „Gefälle" nichts merken. Wir würden sie als ebene Fläche wahrnehmen und müssten ganz normal treten, um vorwärts zu kommen. Da ist nichts mit „rollen lassen".

Warum fließt dann der Fluss im Vergleich dazu so schnell? Intuitiv könnte man meinen, weil so viel Wasser von oben nachkommt und das ganze anschiebt; aber das hat damit überhaupt nichts zu tun. Grund ist allein der geringe Reibungswiderstand. Nochmal der Vergleich mit dem Fahrrad. Dass ein Reifen bei 0,025 Prozent Neigung nicht von alleine rollt, hat vor allem mit der Reibung zu tun. Die Reibung zwischen Reifen und Boden wirkt der Gravitation entgegen und verhindert bei einem sehr flachen Gefälle, dass man das Fahrrad einfach rollen lassen kann.

Die Wassermoleküle dagegen üben gegenseitig einen viel geringeren Widerstand aus als ein Reifen auf Asphalt. Deshalb reicht schon eine geringe Neigung, um das Wasser abwärts fließen zu lassen. Trotzdem gibt es durchaus einen Zusammenhang zwischen Gefälle und Fließgeschwindigkeit. In den Alpen hat der Rhein ein starkes Gefälle – auf 400 Meter geht es im Schnitt einen Meter abwärts. Da fließt er schnell. Am Niederrhein dagegen beträgt das Gefälle nur ungefähr 1 Meter auf 8 Kilometer – dort fließt er langsamer. Am Oberrhein ist er an manchen Abschnitten steiler, an manchen flacher. Zum Beispiel hat der Rhein bei Mannheim, aber auch weiter flussabwärts bei Koblenz, ein steileres Gefälle als dazwischen im Rheingau. Und entsprechend schnell oder langsam fließt der Fluss jeweils.

Doch wenn man so am Flussufer steht, sieht man: Der Fluss bewegt sich in der Mitte schneller vorwärts als am Rand – denn am Ufer wird das Wasser wie-

Danke an Matthias Adler, Bundesanstalt für Gewässerkunde

derum durch die Reibung und durch Verwirbelungen gebremst. Kurz: Je weiter weg vom Ufer und je tiefer das Flussbett, desto schneller fließt das Wasser. Aus demselben Grund fließt ein Fluss bei Hochwasser schneller als bei Niedrigwasser, denn bei Hochwasser liegt das Flussbett noch tiefer.

Auf unseren Landkarten ist Norden „oben" und Süden „unten". Ist das auf der Südhalbkugel umgekehrt?

Egal wo Sie hinkommen, Norden ist auf Karten normalerweise oben. Dieser Standard hat sich – natürlich auch im Zuge der Kolonialisierung – weltweit durchgesetzt. Das ist einfach eine Konvention, die den Umgang mit Karten erleichtert.

Es gibt ja – nur aus der Tatsache heraus, dass wir auf der Nordhalbkugel sind und die Sonne im Osten aufgeht – keinen besonderen Grund, der nahelegen würde, dass die Karten nach Norden ausgerichtet sind. Das ist heute zwar selbstverständlich, aber von der Sache her nicht unbedingt „logischer" als es eine Südausrichtung wäre.

Man könnte jetzt trotzdem unterstellen, dass das „Norden oben"-Prinzip etwas mit kolonialistischem oder „eurozentrischem" Denken zu tun hat: Wer die Welt dominieren will, sieht sein eigenes Territorium lieber oben und die anderen unten. Doch es ist nicht klar, ob das wirklich deshalb so gekommen ist. Denn die (geografisch natürlich völlig verzerrten und unvollständigen) Weltkarten der Antike waren auch schon nach Norden ausgerichtet – obwohl die Großreiche der damaligen Zeit nicht gerade die nördlichsten in der damals bekannten Welt waren.

War das schon immer so?

Tatsächlich waren Landkarten nicht immer nach Norden ausgerichtet. Bei den alten Griechen zwar schon, aber dann kam im Mittelalter eine Phase, in der auf Weltkarten der Osten oben war. Im Osten lang schließlich die Heilige Stadt Jerusalem. Das Wort „orientieren" stammt übrigens genau aus dieser Zeit: Orient ist der Osten, wer sich orientiert, richtet sich und damit seine innere Landkarte also nach Osten aus. Bei arabischen Karten war es noch komplizierter, die waren lange Zeit nach Mekka ausgerichtet, was natürlich, je nachdem, in welchem arabischen Land man sich befindet, jedes Mal in einer anderen Richtung liegt.

Dass sich dann doch die Nord-Süd-Achse in der Kartografie durchgesetzt hat, kam erst im Zuge der großen Seefahrer und natürlich mit der Einführung des Kompasses, den wir übrigens auch den Arabern verdanken (die ihn wiederum von den Chinesen haben). Die Kompassnadel, die von Nord nach Süd zeigt, hat wesentlich dazu beigetragen, dass die Landkarten danach ausgerichtet werden.

Zu den wenigen Ausnahmen gehören die Gegenden, wo das nicht funktioniert, nämlich die Polargebiete: Eine Landkarte der Arktis oder der Antarktis kann man nicht „nach Norden" ausrichten. Im Fall der Arktis wäre der Nordpol mitten im Bild, im Fall der Antarktis wäre der gesamte Kartenrand „Norden". Da funktioniert das also nicht, aber sonst ist Norden weltweit oben.

Wie viele Menschen haben jemals auf der Erde gelebt?

Genau weiß man das nicht, aber Schätzungen gehen von 90 bis 110 Milliarden Menschen aus. Mitunter stößt man auf das Gerücht, dass wegen der Bevölkerungsexplosion mehr als die Hälfte aller Menschen, die jemals gelebt haben, noch heute leben. Das stimmt so allerdings nicht. Wenn man davon ausgeht, dass bisher ungefähr 100 Milliarden Menschen gelebt haben, dann sind die 7 Milliarden heute 7 Prozent davon.

Kommt es nicht auch darauf an, wann man anfängt zu zählen, also wann man den Beginn der Menschheit ansetzt?

Auch das: Rechnen wir zum Beispiel ab dem Zeitpunkt, wo sich die Evolution von Mensch und Affe getrennt hat – oder erst später, in dem Stadium, in dem die Forscher von der Gattung *Homo* sprechen? Oder erst beim modernen *Homo sapiens*? Je nachdem redet man über die letzten 6 Millionen Jahre oder nur über die letzten 200 000 Jahre. Da die Evolution kontinuierlich erfolgt, ist jeder Zeitpunkt, an dem man den Beginn der Menschheit ansetzt, willkürlich gesetzt. Allerdings: Da früher nur sehr wenige menschliche Wesen die Erde bevölkert haben, spielt der Anfangszeitpunkt in der Gesamtbetrachtung keine allzu große Rolle. Wenn wir vor 6 Millionen Jahren anfangen zu zählen, sind es vielleicht ein paar Milliarden mehr als wenn wir erst vor 200 000 Jahren anfangen, aber da wir über insgesamt etwa 100 Milliarden reden und selbst diese Schätzung sehr grob ist, macht das in der Größenordnung keinen Unterschied.

Entscheidend sind vor allem die letzten 10 000 Jahre – nämlich die Zeit nach dem Beginn der Landwirtschaft. Denn die hat zum ersten Mal ein großes Bevölkerungswachstum ausgelöst. Damals lebten um die 5 Millionen Menschen – heute sind es mehr als 1000-mal so viele. Das macht deutlich: Die allermeisten Menschen, die jemals gelebt haben, haben in den letzten 10 000 Jahren gelebt.

Wie kann man die Zahlen von früher überhaupt ermitteln?

Im Wesentlichen, indem man historische Quellen heranzieht. Bereits im Altertum gab es Volkszählungen; die Bibel berichtet davon. Dann kann man gewissermaßen zurückrechnen. Wir wissen, dass heute auf der Erde über 7 Milliarden Menschen leben. Vor 100 Jahren waren es noch keine 2 Milliarden. Die Bevölkerungswissenschaftler können ungefähr ermitteln, wie groß jeweils das Bevölkerungswachstum war, wie schnell sich die Generationen fortgepflanzt haben. Gleichzeitig kennen sie auch die großen Einbrüche – wie in den Zeiten der Pest, als die Bevölkerungszahlen vorübergehend dramatisch geschrumpft sind. Wenn man da zurückrechnet, kann man abschätzen, dass in der Zeit von Christi Geburt etwa 300 Millionen Menschen lebten. Und wenn man all diese Zahlen zusammenrechnet, kommt man auf rund 100 Milliarden Menschen.

Eins muss man allerdings bedenken: Heute leben zwar mehr Menschen auf der Erde als jemals zu einem früheren Zeitpunkt – aber sie haben auch die längste Lebenserwartung aller Zeiten. Der Generationswechsel war früher deutlicher schneller. Die Frauen haben früher Kinder bekommen, sie haben mehr Kinder zur Welt gebracht – schon allein deshalb, weil die Kindersterblichkeit sehr hoch war. All diese früh verstorbenen Kinder muss man ja mitzählen, wenn man bestimmen will, wie viele Menschen jemals geboren worden sind. Deshalb fallen auch frühere Jahrtausende ins Gewicht und nicht erst die letzten 200 Jahre, in der die Weltbevölkerung von einer Milliarde auf 7 Milliarden Menschen angewachsen ist.

Leben – Pflanzen und Tiere

Warum werden Bäume viel älter als Menschen?

Bäume, die ein paar Jahrhunderte auf dem Buckel haben, sind keine Seltenheit. Eine Fichte im schwedischen Fulufjellet-Nationalpark bringt es sogar auf knapp 10 000 Jahre – allerdings bezieht sich dieses Alter nicht auf einen einzelnen Stamm, der heute aus dem Boden ragt, sondern auf das ganze Wurzelsystem, aus dem immer wieder neue Bäume sprießen, lauter Klone, die aber im Grunde zusammenhängen und einen großen Organismus bilden.

Die ältesten bekannten Einzelbäume sind Exemplare der langlebigen Grannenkiefer, heimisch im Hochgebirge der kalifornischen White Mountains. Sie schaffen es sogar auf 5000 Jahre und mehr. Davon können wir Menschen nur träumen. Und das hat mehrere Gründe.

Menschen, aber auch Wale und Riesenschildkröten sind viel komplexer und damit anfälliger als ein Baum. Wir besitzen viele Organe, Herz, Lunge, Blutgefäße, ein Gehirn – und die müssen alle funktionieren. Eine halbe Minute kein Sauerstoff im Gehirn, und es ist vorbei.

Und unsere Zellen altern. Sie erneuern sich zwar ständig, aber bei jeder Zellteilung verkürzt sich die DNA, die Zellen alter Menschen teilen sich langsamer und sind insgesamt nicht mehr so leistungsfähig. Bei Bäumen ist es anders. Denn der größte Teil eines Baumstamms lebt eigentlich sowieso nicht. Die Rinde ist totes Material und das Innere des Stamms besteht auch aus leblosem Holzgewebe. Die Zellen betreiben keinen Stoffwechsel mehr, sie lassen nur noch passiv Wasser durch. Das, was an einem Baum lebt, sind die Blätter – und vor allem die dünne Schicht unterhalb der Rinde, also zwischen Borke und Stamm. Hier bildet sich das neue Holz, hier wächst der Baum in die Breite. Hier entstehen durch den Wechsel von Sommer und Winter die Jahresringe.

Und dieses neue Gewebe, das sich da bildet, besteht immer aus jungen, embryonalen Zellen, denen man das Alter des Baums praktisch nicht ansieht. Die alten Zellen eines Baums wiederum befinden sich in der Mitte des Stamms und sind dort vor Pilzen und anderen Schadorganismen gut geschützt. Und selbst wenn sie angegriffen und von Pilzen verschmaust werden, dann ist der Stamm am Ende vielleicht hohl – aber der Baum noch lange nicht tot.

Es fällt auch auf, dass Nadelbäume potenziell ein höheres Alter erreichen als Laubbäume. Die Mammutbäume der Gattung *Sequoia* oder die 5000 Jahre alten Grannenkiefern in Kalifornien sind ja Koniferen, also Nadelbäume. Das liegt daran, dass Nadelbäume ein etwas anderes Wasserleitsystem haben als Laubbäume. Das Wasser bewegt sich langsam durch relativ enge Zellwände. Dadurch sind die Nadelbäume auch gut geschützt gegen Trockenperioden und können ihren Wasserverbrauch gut regulieren.

Gibt es Bäume ohne Jahresringe?

Das dachte man früher, und zwar von Tropenbäumen. Jahresringe entstehen ja durch den Wechsel der Jahreszeiten. Nach der Wachstumspause im Winter folgt zunächst eine Phase, in der sich von der Rinde her zunächst eine Schicht von sogenanntem Frühholz bildet. Dieses Frühholz wächst schnell. Schnell heißt, es bilden sich große Zellen mit vergleichsweise dünnen Wänden. Diese Zellen sind hell. Und daran wiederum schließt sich eine zweite langsamere Wachstumsphase an, dabei entstehen kleine Zellen mit dickeren Wänden. Diese dichtere Zellsubstanz erscheint dann entsprechend dunkel. Eine solche Abfolge aus hellem Frühholz und dunklem Spätholz definiert einen Jahresring. In den Tropen sind die Wachstumsbedingungen aber ganz anders. Da gibt es keinen Winter in unserem Sinn und somit auch keine echte Wachstumspause. Deshalb galt es früher als gängige Lehrmeinung, dass tropische Bäume keine oder höchstens schwach ausgeprägte Jahresringe haben. Inzwischen weiß man, dass das nicht stimmt. Manchmal sind die Jahresringe zwar mit dem Auge kaum erkennbar, sie sind aber trotzdem da.

Und wie entstehen sie dann in den Tropen?

Auch in den Tropen herrschen ja nicht immer gleiche Bedingungen. Es gibt zwar keinen Winter und Sommer, aber es gibt fast überall dort feuchte und trockene Jahreszeiten. In manchen tropischen Regionen gibt es zwei Regenzeiten im Jahr, sodass man entsprechend keine Jahres-, sondern „Halbjahresringe" findet. Und selbst in Gegenden wie dem Amazonasbecken, wo es praktisch jeden Tag regnet, gibt es unterschiedliche Wachstumsbedingungen, zum Beispiel dadurch, dass das Wasser des Amazonas unterschiedlich hoch steht. Das hängt mit wechselnden Verhältnissen in seinem Quellgebiet zusammen, der Fluss führt ja Wasser aus den weit entfernten Anden mit sich. Wenn der Pegel des Amazonas hoch ist, stehen die Bäume unter Wasser und wachsen zum Teil schlechter als bei niedrigem Wasserstand. Und so entstehen auch dort Jahresringe.

Wieso hat man dann früher geglaubt, Tropenbäume hätten keine Jahresringe? Hätte man nicht einfach nur hinschauen müssen?

Man sieht sie eben nicht immer. Rein optisch sind die Ringe bei vielen tropischen Bäumen mit dem Auge nicht zu erkennen. Sie treten weder farblich noch durch unterschiedliche Helligkeit hervor, sondern zeigen sich nur bei chemischen Untersuchungen. Man kann also chemisch nachweisen, dass das Holz in bestimmten Phasen schnell, in anderen langsam gewachsen ist. Beispielsweise lagern manche Bäume in der Hauptwachstumsphase besonders viel Kalzium ein. Das sieht man zwar nicht mit dem Auge, man kann es aber im Labor nachweisen.

Warum reinigt Moos die Luft?

Das lässt sich aus der Evolution erklären – und so führt eine interessante Verbindung von den Urzeiten der Erde zur Mooswand, die 2017 in Stuttgart angebracht wurde, um die Luftverschmutzung zu reduzieren.

Moos ist bekanntlich nicht sehr anspruchsvoll: Es wächst an Bäumen und Betonwänden, es gibt Moos in den Tropen und selbst in der unwirtlichen Antarktis, wo es sonst fast keine anderen Pflanzen gibt. Moos ist also ein Überlebenskünstler, und tatsächlich waren moosartige Pflanzen die ersten Gewächse, die vor 450 Millionen Jahren das Land eroberten. Vorher waren die Kontinente wüst und leer – nackter Fels, keine Bäume, keine Gräser. Erst mit den Moosen wurde das Festland grün.

Die Moose sind ursprünglich aus Süßwasseralgen entstanden, die an Land gespült wurden. Aber es gab noch keinen humushaltigen Boden, in dem diese Pflanzen „wurzeln" konnten. Es gab nur Felsen. Böden und Humus entstehen ja erst mit der Zeit durch pflanzliche Aktivität und den biologischen Abbau von Pflanzenteilen.

Als die Moose das Festland besiedelt hatten, veränderte sich einiges. Die neuen Landpflanzen speicherten CO_2 und setzten Sauerstoff frei. Der Sauerstoffgehalt der Atmosphäre stieg. Das war die Voraussetzung dafür, dass bald auch Tiere das Festland für sich entdeckten. Denn nun gab es ja mit den Pflanzen dort etwas zu fressen. Die Moose haben das Festland somit für Wirbeltiere erst bewohnbar gemacht – ohne Moos nix Mensch!

Und die Moose sorgten zudem für klare Luft. Denn gerade weil es in der Urzeit der Erde keinen Boden gab, mussten sie sich weitgehend aus der Luft ernähren – und tun es bis heute. Sie sind somit Meister darin, Nährstoffe aus der Luft zu binden – aber ebenso andere Stoffe wie Staub und Schwermetalle. Trotz dieser Fähigkeit sind sie noch kein Garant für saubere Luft. Zumindest konnte die Stuttgarter Mooswand ersten Untersuchungen zufolge die Feinstaubbelastung nicht nennenswert verringern.

Danke an Prof. Dr. Ralf Reski, Universität Freiburg

Wie können fleischfressende Pflanzen „zuschnappen" und Fliegen fangen? Sie haben doch weder Nerven noch Muskeln!

Unter den fleischfressenden Pflanzen gibt es passive und aktive Formen. Bei den passiven bleibt die Beute einfach kleben, kommt nicht mehr weg und wird durch Verdauungssäfte aufgelöst. Hier ist leicht nachvollziehbar, dass dieser Mechanismus ohne Muskeln und Nerven auskommt.

Kniffliger ist der Vorgang bei den aktiven Pflanzen, die regelrecht zuschnappen wie zum Beispiel die Venusfliegenfalle. Oder die, die ihre Beute in null Komma nichts einsaugen wie der Wasserschlauch. Da sind gleich mehrere Dinge erstaunlich. Erstens: Wie merken die – ohne Nerven und Sensoren –, dass ein Beutetier an ihnen herumkrabbelt? Zweitens: Wie können sie plötzlich zuschnappen – wo sie doch gar keine Muskeln haben?

Bleiben wir bei der Venusfliegenfalle – diese beliebte Zierpflanze sieht man oft in botanischen Gärten. Man erkennt sie an den auffallend „bissigen" Blättern mit ihren scharfen Zacken am Ende. Jeweils zwei dieser Blätter stehen sich so gegenüber, dass die Zacken ineinandergreifen wie die Finger, wenn man die Hände faltet.

Jetzt kommt eine Fliege, setzt sich auf die Blätter. Woran merkt das die Pflanze?

Auf der Innenseite ihrer Blätter sind jeweils drei empfindliche Härchen. Sobald die sich – etwa durch die Fliege – bewegen, leiten sie ein Signal weiter. Das geht nämlich ohne spezielle Nervenzellen und weitverzweigte Nervenbahnen. Auch „normale" Zellen können elektrochemische Impulse an ihre Nachbarzelle weiterleiten.

Dieses Signal führt nun dazu, dass sich die Form der Blätter so verändert, dass daraus ein „Zuschnappen" wird. Das geschieht, indem – vereinfacht gesagt – die Pflanze zwischen den Zellen Wasser umlagert. Wenn in einem bestimmten Abschnitt des Blattes die Zellen Wasser aufnehmen, verändert das Blatt insgesamt seine Form – wie eine Luftmatratze, die man aufbläst. Umgekehrt verlieren Zellen, wenn sie Wasser verlieren, ihre Spannung, dadurch ändert sich die Form ebenfalls.

Das erklärt allerdings noch nicht das sehr schnell Zuschnappen. Tatsächlich ist die Formveränderung der Blätter nur der erste Auslöser. Das Zuschnappen seinerseits ist wiederum kein aktiver Vorgang wie das Zugreifen bei einer Hand – dafür wären ja Muskeln notwendig –, sondern es ist eher wie bei einer Mausefalle, die erst aufgespannt ist und dann zuschnappt, sobald die Maus den

---

Dank an Prof. Dr. Thomas Speck, Botanischer Garten Freiburg

Widerstand löst. Oder wie beim Pfeil und Bogen: Ich spanne den Bogen langsam – dazu brauche ich Kraft. Zum Loslassen brauche ich keine Kraft, aber gerade das Loslassen führt dann zum blitzschnellen Abschießen des Pfeils.

Bei der Venusfliegenfalle läuft das ähnlich. Ihre Blätter haben die Eigenschaft, dass sie entweder nach außen oder nach innen gekrümmt sind. Man kann sie durch leichtes Eindrücken schnell aus einer konvexen in eine konkave Form bringen. Hier bieten sich als Vergleich eine Kontaktlinse oder ein eingedrücktes Autoblech an: Wenn man von innen dagegen drückt, springt es wieder in den Ausgangszustand zurück. Diese Eigenschaft haben auch die Blätter der Venusfliegenfalle.

Die Pflanze wächst so, dass die Blätter im Normalzustand nach außen gebogen sind, sie können aber unter bestimmten Umständen umspringen in den nach innen gekrümmten Zustand. Machen das beide Blätter gleichzeitig, schließen sie sich automatisch. Das heißt, eine kleine Formveränderung durch Wasserumlagerung kann dieses Umschnappen auslösen. Das geht innerhalb von Millisekunden.

Mit welchen Samen züchtet man kernlose Trauben?

Man braucht dazu gar keinen Samen. Trauben lassen sich – wie eine ganze Reihe von Pflanzen – auch ungeschlechtlich vermehren. Man muss sie also nicht säen, sondern kann sie durch Ableger vermehren, durch Stecklinge oder – Hobbygärtner kennen das – durch Aufpfropfen. Im Fall der Traube nimmt man dabei den Trieb einer bereits existierenden Pflanze und pfropft ihn auf einen bestehenden Weinstock. Daraus entsteht dann eine komplette neue Pflanze. Genetisch ändert sich dadurch überhaupt nichts – eine Ablegerpflanze ist immer ein Klon der Ursprungspflanze. Mit Trauben funktioniert das generell ganz gut.

Bei den kernlosen Trauben, die üblicherweise verkauft werden, handelt es sich um Kultursorten – aber keineswegs um eine neue Erfindung. Die kernlosen Sultana-Trauben gibt es vermutlich schon seit dem Altertum – das ist die verbreitetste Sorte, aus der auch die Sultaninen gewonnen werden. Eine andere Sorte sind die Korinthiaki-Trauben – aus denen macht man, wie der Name schon sagt, Korinthen – ebenfalls eine Rosinenart. Korinthen sind im Gegensatz zu Sultaninen ziemlich klein (weshalb Leute, die dauernd auf kleinen Nebensächlichkeiten herumreiten, ja auch entsprechend heißen).

Und was für kernlose Trauben gilt, gilt dann genauso für kernlose Orangen oder Melonen?

Da ist es etwas anders. Die Älteren von uns werden sich erinnern: Kernlose Orangen oder Melonen gab es früher praktisch gar nicht. Die sind tatsächlich eine neuere Entwicklung. Diese Pflanzen werden aus Hybrid-Saatgut gewonnen. Das bedeutet: Die kernlose Melonenpflanze oder der Orangenbaum haben sehr wohl zwei Eltern, aber die sind von der Chromosomenzahl so unterschiedlich, dass sie selbst unfruchtbar sind. Genauer: „Fruchtbar" im Sinne von „früchte-tragend" sind sie schon, doch die Früchte enthalten nun mal keine Kerne. Und anders als die Trauben müssen diese Hybridpflanzen in jeder Generation neu gezogen werden.

Tomaten sind Nachtschattengewächse – wachsen sie also im Dunkeln?

Das ist ein weit verbreitetes Gerücht – aber knapp daneben! Es stimmt nur insofern, als grundsätzlich alle Pflanzen vor allem nachts wachsen, am stärksten in den frühen Morgenstunden. Tagsüber bilden sie mithilfe von Sonnenlicht Zuckermoleküle, die sie nachts in Biomasse verwandeln – für Tomaten gilt das genauso wie für Gras, Kartoffeln oder Bäume. Keineswegs aber mögen es Tomaten am liebsten dunkel. Im Gegenteil, genau wie andere Nachtschattengewächse – Auberginen, Paprika – brauchen sie viel Sonnenlicht; verregnete Sommer sind eher schlecht.

Die Bezeichnung „Nachtschattengewächs" führt also in die Irre. Es wäre ja auch ein seltsamer Name: Seit wann gibt es nachts einen Schatten? Wenn die Namensgeber hätten ausdrücken wollen, dass die Pflanzen im Dunkeln wachsen, hätte „Nachtgewächs" oder eben „Schattengewächs" ja völlig genügt. In Wahrheit aber leitet sich der Name von einer anderen Pflanze ab, dem „Schwarzen Nachtschatten".

Dieser Name wiederum stammt aus dem späten Mittelalter und hat mit Schatten gar nichts zu tun. Vermutlich hieß es früher „Nachtschaden". Das wiederum ist ein altes Wort für Alptraum. Für den Ursprung dieser Bezeichnung gibt es zwei Theorien. Möglicherweise glaubte man, die dunklen Beeren des Schwarzen Nachtschattens helfen gegen Alpträume. Oder gegen Schäden, die einem Hexen zugefügt haben. Sie schützen also vor „Nachtschaden". Die andere Theorie sagt das Gegenteil, dass man vermutete, dass diese Pflanzen Düfte ausströmen, die einem die Alpträume bereiten – vielleicht auch nur im übertragenen Sinn von Kopfweh. Da ist ja auch etwas dran: Der Schwarze Nachtschatten enthält wie andere Nachtschattengewächse auch den Giftstoff Solanin, der Übelkeit hervorrufen kann. Er kommt auch in Kartoffelschalen oder den Ansätzen von Tomaten vor, weshalb geraten wird, Kartoffelschalen (vor allem die Augen) sowie die Ansätze von Tomaten nicht mitzuessen.

Für beide genannten Theorien finden sich auch Belege in historischen Quellen. Fest steht nur: Der Schwarze Nachtschatten hat einer ganzen Gattung – zu der eben auch Tomaten, Auberginen, Paprika und Kartoffeln gehören – den Namen gegeben.

Gibt es Tiere mit nur einem Nasenloch?

Ja, wenn man den Begriff „Nase“ etwas weiter fasst: Delfine. Man spricht bei Delfinen nicht von einer Nase, sondern von einem Blasloch, das sie oben am Kopf haben. Das Blasloch hat die gleiche Funktion wie bei Menschen die Nase: Es dient der Atmung, und es hat sich aus der Nase von Landsäugetieren entwickelt.

Delfine und andere Wale sind evolutionär gesehen Säugetiere, die wieder ins Wasser gegangen sind. Ihre Vorfahren hatten Nasen im Gesicht – allerdings ist diese Nase im Lauf der Evolution und der Anpassung an das Leben im Wasser nach hinten bzw. oben gewandert. Speziell bei den Zahnwalen – zu denen auch die Delfine gehören – sind dabei die ursprünglich zwei Nasenlöcher zu einem Blasloch zusammengewachsen.

Viele Fische dagegen haben im Gegensatz dazu sogar vier „Nasenlöcher“, allerdings ist die Fischnase etwas völlig anderes: Sie dient zwar dem Riechen – also der Wahrnehmung chemischer Stoffe im Wasser –, aber Fische atmen nicht durch ihre Nase. Bei Walen ist es genau umgekehrt: Sie atmen zwar durch ihr Blasloch, doch im Wasser ist das Loch geschlossen, sodass sie damit nichts riechen können.

Fast alle anderen Tiere hat die Evolution mit zwei Nasenlöchern ausgestattet. So wie wir auch zwei Ohren und zwei Augen haben. Warum ist das so? Bei den Augen und Ohren ist die Erklärung einfach: Zwei Augen ermöglichen eine Tiefenwahrnehmung – wir sehen die Welt dreidimensional, weil unser Gehirn die leicht unterschiedlichen Informationen, die beide Augen liefern, zu einem dreidimensionalen Bild verrechnet. Die beiden Ohren rechts und links haben eine ähnliche Funktion – sie erlauben ein räumliches Hören. Auf diese Weise können wir Schallquellen relativ zuverlässig orten – wir wissen meist sofort, woher ein Geräusch kommt, sprich, wohin wir unsere Aufmerksamkeit richten müssen. Anders ist es beim Riechen: Wir riechen die Welt bekanntlich nicht „stereo“. Wozu also zwei Nasenlöcher?

Offenbar, weil wir es mal konnten, unser Geruchssinn aber verkümmert ist. Denn zumindest bei einigen Tieren ist nachgewiesen, dass sie tatsächlich stereo riechen. Dazu gehört der ostamerikanische Maulwurf. Maulwürfe sind bekanntlich blind, dafür ist ihre Nase umso besser. Und vor einigen Jahren haben Forscher gezeigt, dass diese Tiere ihre Beute wie zum Beispiel Regenwürmer nur dann effektiv finden, wenn beide Nasenlöcher offen sind. Sobald eins zu ist, verlieren sie die geruchliche Orientierung. Ähnlich, wenn auch etwas schwächer ausgeprägt, wurde das bei Wanderratten nachgewiesen.

Warum sind fast alle Tiere achsensymmetrisch aufgebaut?

Der Körperbau von Tieren und Menschen ist symmetrisch – äußerlich. Innerlich nicht! Unsere inneren Organe sind asymmetrisch angeordnet: Das Herz liegt mehr links, die Leber rechts, auch der Darm schlängelt sich bar jeder geometrischen Ordnung durch den Bauch Unser Äußeres dagegen – die „Verpackung" – ist zwar nicht perfekt spiegelbildlich, aber im Prinzip symmetrisch gebaut. Dafür gibt es, evolutionär gesehen, drei Gründe.

Erstens: die Stabilität der Fortbewegung. Ein asymmetrischer Körper könnte sich nicht so elegant bewegen und käme leicht aus dem Gleichgewicht. Es ist ein großer Vorteil, wenn die Beine rechts und links gleich lang sind und das Gewicht in der rechten und linken Körperhälfte gleich verteilt ist. Auch Vögel könnten mit verschieden großen Flügeln schlecht fliegen. Eine reibungslose Motorik ist somit schon mal ein guter Grund für einen symmetrischen Körperbau.

Zweitens: die Sensorik. Von den wichtigsten Sinnesorganen haben wir zwei symmetrisch angeordnete Exemplare: zwei Augen, zwei Ohren – auch zwei Nasenlöcher. Diese paarweise Anordnung liefert uns wichtige Informationen: Mithilfe der beiden Augen sehen wir dreidimensional: Beide Augen empfangen optische Reize – und aus dem Vergleich beider Informationen errechnet das Gehirn die Tiefeninformation. Das geht am besten, wenn beide Augen spiegelbildlich zur Körperachse angeordnet und gleich groß sind. Dasselbe gilt für die Ohren – wir haben zwei Ohren, damit wir Geräusche besser orten können, und das geht am besten, wenn die Informationen in beiden Ohren auf gleiche Art verarbeitet werden.

Und dann gibt es noch einen dritten Grund für einen symmetrischen Körperbau, der etwas mit der Partnerwahl bei Tieren zu tun hat. Die meisten Tiere wählen ihre Partner auch nach dem Körperbau aus. Weibchen bevorzugen Männchen mit stark symmetrischem Körperbau, denn Symmetrie ist ein Indikator für Gesundheit bzw. „Fitness". Das lässt sich evolutionspsychologisch nachvollziehen. Wenn ein Körper motorisch umso besser funktioniert, je symmetrischer er ist, und wenn die Wahrnehmungsleistung umso besser ist, je symmetrischer die Sinnesorgane angeordnet sind – dann haben symmetrisch gebaute Tiere bessere Überlebenschancen.

Damit setzt sich aber nicht nur das Merkmal „Symmetrie" in der Evolution durch, sondern auch die *Vorliebe* vor allem der Weibchen für symmetrisch gebaute Männchen. Ein symmetrischer Körperbau signalisiert den Weibchen: Dieses Männchen hat offenbar gute Gene, mit dem kann ich mit hoher Wahrscheinlichkeit gesunde Nachkommen zeugen. Über lange Zeiträume hat das in der Evolution dazu geführt, dass symmetrisch gebaute Männchen häufiger als Sexualpartner ausgewählt wurden, sich dadurch mehr fortpflanzten und sich das Merkmal Symmetrie auch deshalb durchgesetzt hat.

Es gibt aber Ausnahmen: Bei vielen Krebsen und Krabben zum Beispiel sind die Scheren links und rechts verschieden groß. Asymmetrisch sind auch die Gehäuse von Schnecken – sie winden sich spiralförmig nach oben.

Kommt es auch bei Tieren vor, dass sie vor Schmerz oder Rührung weinen?

Da gehen die Meinungen auseinander. Die meisten Verhaltensbiologen sagen, dass Tiere zwar durchaus Schmerz und Gefühle empfinden, auch so etwas wie Trauer fühlen können, dass sie aber deswegen nicht weinen. Also das „Heulen" vor Schmerz oder Rührung ist nach gängiger Lehrmeinung eine spezifisch menschliche Eigenschaft.

Was hat es mit den sprichwörtlichen Krokodilstränen auf sich?

Es gibt Krokodilstränen wirklich! Nicht nur in der Redensart, wo die Krokodilsträne ja der Inbegriff der Heuchelei ist: Krokodile produzieren tatsächlich Tränen. Das war lange nicht so klar, weil sich Krokodile ja viel im Wasser bewegen und deshalb immer wieder irgendwelche Tropfen an ihnen herunterkullern. Aber vor ein paar Jahren haben Forscher den Nachweis erbracht, dass das, was man schon seit Jahren für Krokodilstränen hielt, tatsächlich welche sind. Die entscheidende Frage ist allerdings: Was löst diese Tränen aus? Das hat wahrscheinlich nichts mit Trauer oder Schmerz oder sonstigen Gefühlsausbrüchen zu tun, sondern mit Druck. Die Krokodile produzieren die Tränen nämlich beim Fressen. Da sperren sie bekanntlich ihr Maul weit auf, und dies drückt wiederum nach hinten aufs Auge bzw. die dort befindlichen Tränendrüsen.

Denn natürlich haben Tiere Tränendrüsen, um die Augen zu befeuchten, zu reinigen und die Hornhaut mit Nährstoffen zu versorgen – genau wie wir Menschen. Auch wir produzieren ja ständig Tränenflüssigkeit, ohne dass wir gleich weinen.

Was Tränen im eigentlichen Sinn betrifft, unterscheidet die Wissenschaft daher zwei Arten. Das eine sind die sogenannten reflektorischen Tränen. Die produzieren wir, wenn wir zum Beispiel Schmutz im Auge haben oder Zwiebeln schneiden. Das ist die ganz normale Tränenflüssigkeit. Wenn wir aber weinen, sind das emotionale Tränen. Die setzen sich auch chemisch anders zusammen; insbesondere enthalten sie mehr Proteine, mehr Mineralstoffe und eine erhöhte Konzentration von Serotonin – ein Botenstoff im Gehirn, der unter anderem bei Schmerz ausgeschüttet wird. Man kann Tränen also chemisch unterscheiden.

Standardlehrmeinung ist nun, dass Tiere keine emotionalen Tränen produzieren. Aber richtig beweisen kann man es nicht. Denn nur weil man es noch nie wissenschaftlich beobachtet hat, kann man ja nicht ausschließen, dass solche Tränen in ganz bestimmten Situationen doch vergossen werden.

Es gibt einen schönen Film: *Die Geschichte vom weinenden Kamel.* Das ist ein ganz ruhiger, halb fiktiver, halb dokumentarischer Film. Es ist eine deutsch-mongolische Produktion und handelt von Nomaden in der Wüste Gobi. Die haben ein Kamel, das ein junges Fohlen zur Welt bringt – allerdings unter so starken Schmerzen, dass es das Fohlen verstößt und nicht säugen will. Das Fohlen droht nun zu verhungern. Am Ende des Films gelingt es aber doch, mithilfe von Musik – speziell einer mongolischen Geige – die Mutter in eine Stimmung zu versetzen, die sie dazu verleitet, ihr Junges doch wieder anzunehmen. Und in dem Moment kullert der Kamelmutter tatsächlich eine Träne aus dem Auge. Das ist ein sehr rührender Moment. Natürlich ist das ein Film, aber eben mit einem hohen dokumentarischen Anteil. Die Regisseure beteuern, dass diese Reaktion des Kamels – die Träne – echt war. Das sei nicht inszeniert gewesen – also keine Zwiebel oder sonst was –, sondern eine authentische Reaktion. Insofern: Wer weiß? Früher haben die Wissenschaftler gesagt, Tiere haben keine Gefühle. Heute sieht man das anders. Und möglicherweise ist auch bei den Tränen der Tiere das letzte Wort noch nicht gesprochen.

Warum stechen Mücken nur manche Menschen und verschonen andere?

Wenn jemand besonders häufig gestochen wird, sagt man ja gern, der habe „süßes Blut“. Auch im Internet findet man immer noch die Empfehlung, man solle, wenn man sich in einer mückenreichen Gegend aufhält, weniger Süßes essen. Aber das ist Quatsch: Mücken reagieren nicht auf den Geschmack des Blutes, sondern vor allem auf Duftmoleküle. Manche Menschen duften für Mücken angenehmer als andere.

Dazu gibt es eine wirklich intensive Forschung, es wurden bereits viele Hundert Duftmoleküle untersucht, die Menschen absondern. Ergebnis dieser Forschungen ist: Zu ungefähr 85 Prozent entscheiden die Gene darüber, wer auf Mücken anziehend oder abstoßend wirkt. Ein Faktor ist zum Beispiel Cholesterin. Wobei es auf den Cholesterinspiegel im Blut weniger ankommt als auf die Cholesterinabbauprodukte, die über die Haut ausdünsten. Ein anderer Faktor ist Kohlendioxid – also das bekannte Treibhausgas CO_2, das wir alle ständig ausatmen. Manche atmen davon mehr aus, andere weniger. Besonders viel CO_2 atmen schwangere Frauen aus, deshalb sind sie im Schnitt für Moskitos attraktiver. Und viele Parfüms locken ebenfalls Mücken an – aber auf die kann man ja leicht mal verzichten.

Es gibt übrigens umgekehrt auch abstoßende Stoffe – also sozusagen körpereigene Mückenschutzmittel. Man glaubt gar nicht, was sich Wissenschaftler schon für Experimente haben einfallen lassen, um diese Dinge zu testen. Zum Beispiel haben vor ein paar Jahren Wissenschaftler auch bei Kühen Unterschiede festgestellt. Manche Kühe werden von Mücken in Ruhe gelassen, andere nicht, und die Zahl der Mücken in einer Kuhherde nimmt schlagartig ab, wenn man bestimmte Kühe dazustellt. Man hat die Ausdünstungen dieser zusätzlichen Kühe untersucht, und tatsächlich waren da Substanzen dabei, die die anderen Kühe nicht hatten.

Dann haben Wissenschaftler Versuche mit menschlichen Düften gemacht. Sie haben eine große Röhre genommen in Form eines Y – also mit einem Eingang und zwei Ausgängen. Der eine Ausgang wurde mit menschlichen Körpergerüchen beduftet – das waren Gerüche von Freiwilligen, die sich vorher eine Weile in einen Kunststoffschlafsack gehüllt hatten. Am anderen Ausgang des „Y“ war dagegen nichts Besonderes. Und je nachdem, von wem die Geruchsprobe genommen wurde, kamen die Mücken – oder eben nicht. Dann hat man wiederum die Duftnoten der Testpersonen untersucht, und tatsächlich: Die „unattraktiven“ Testpersonen zeichneten sich durch bestimmte Duftmoleküle aus, die die Mücken offenbar fernhielten.

Das kann daran liegen, dass diese Substanzen abstoßend wirkten. In manchen Fällen können diese Substanzen die anziehenden Duftmoleküle auch einfach maskieren – also neutralisieren. Um mal einen nicht so leckeren Vergleich zu bemühen: Früher in den Diskos hat der Zigarettenqualm alle Körpergerüche überdeckt. Das ist vielleicht ein etwas schräger Vergleich, aber so ungefähr kann man sich das vorstellen. Manche Leute sondern einfach Stoffe ab, die dafür sorgen, dass die Mücken die anderen Duftstoffe nicht mehr riechen können – das heißt, diese Menschen sind für die Mücken nicht unbedingt abstoßend, sondern sie sind einfach geruchlich nicht vorhanden, unsichtbar.

Das klingt jetzt vielleicht seltsam, dass wegen ein paar Mückenstiche ein solcher Forschungsaufwand betrieben wird. Aber man darf nicht vergessen: In den Tropen übertragen Mücken mitunter gefährliche Krankheiten wie Gelbfieber oder Malaria – und je nachdem können sie auch mal eine Rinderherde dezimieren, das heißt, da geht es nicht nur um Leben und Tod, sondern auch richtig um Geld. Deshalb wird dazu viel geforscht. Und man hat die Hoffnung, dass sich mithilfe dieser „abstoßenden" Körperdüfte neue, für uns geruchsneutrale Mückenschutzmittel herstellen lassen.

Wozu brauchen Schnecken ein Haus?

Es schützt sie vor allem vor dem Austrocknen. Normale Landschnecken sind auf der Unterseite ziemlich schleimig, auf der Oberseite aber nicht. Dort dünstet Flüssigkeit aus, und das Haus bewirkt, dass sich die Ausdünstung in Grenzen hält. Außerdem kann sich die Schnecke in ihr Haus zurückziehen. Das sieht man auch schön im Vergleich zu den Nacktschnecken.

Nacktschnecken haben sich auf eine andere ökologische Nische spezialisiert: Sie kriechen in Spalten und Löcher in der Erde – dabei stört so ein sperriges Gehäuse. Also haben sie es im Lauf ihrer Evolution immer mehr reduziert. Dafür mussten sie sich aber auf andere Weise vor dem Austrocknen schützen. Zum einen dadurch, dass sie am ganzen Körper schleimig sind – deshalb finden viele Menschen Nacktschnecken ja ekliger als normale Landschnecken – und zum anderen, indem sie sich in der Tageshitze in der Erde verkriechen und erst nachts oder bei trübem Regenwetter hervorkommen.

Und überlebt es eine Weinbergschnecke, wenn man versehentlich ihr Haus zertritt?

Ganz klar: Nein. Anders als es aussieht, ist das Haus einer Schnecke kein totes Anhängsel, das einfach so auf dem Tier liegt und das sie mitschleppt, sondern das Haus gehört zum Tier. Es ist nicht nur mit ihm verwachsen, sondern die Schnecke hat eine Art Ausstülpung, den Eingeweidesack, sich entlang der Wand des Gehäuses bis in die Spitze zieht. Der ist nötig, da das Haus einer jungen Schnecke mit ihr wachsen muss. Dazu haben Schnecken einen speziellen Teil in ihrer Haut – den „Mantel“ –, der in der Lage ist, Kalk zu bilden. Kleine Beschädigungen im Gehäuse können sie damit unter Umständen auch reparieren, allerdings nur dann, wenn der Körper unverletzt bleibt. Tritt man aber drauf, wird zwangsläufig der Eingeweidesack verletzt, eben weil er sich bis ins Gehäuse erstreckt.

Als Weichtiere haben Schnecken auch einen offenen Blutkreislauf. Das bedeutet: Bei einer Verletzung läuft die Körperflüssigkeit einfach aus. Die Schnecke hat in einem solchen Fall keine Überlebenschance. Und das gilt nicht nur für Weinbergschnecken, sondern für fast alle Landschnecken – also Schnecken mit Haus. Eine Ausnahme bilden Bernsteinschnecken, das sind Schnecken mit einem relativ dünnen Haus. Wenn die ihr Haus verlieren, können sie ein paar Tage überleben und etwas Ähnliches wie ein Gehäuse wieder aufbauen.

Wie können Schwalben im Flug kleine Insekten erkennen und fangen?

Vögel haben ein anderes Sehsystem als Menschen. Das hilft ihnen nicht nur beim Jagen von Mücken, sondern das bekommen manchmal auch Nordsee-Urlauber zu spüren – wenn ihnen eine Möwe ein Fischbrötchen aus der Hand schnappt. Mir ist das vor einer Weile auf Helgoland passiert: Genau in dem Moment, als ich die Hand zum Mund führte, kam eine Möwe und klaute das Brötchen – und zwar mit einer solchen Präzision, dass sie das Brötchen im Bruchteil einer Sekunde komplett im Schnabel hatte, aber ohne mich dabei auch nur im geringsten zu verletzen. Es blieb beim Schreck – und dem unwiederbringlichen Verlust des Brötchens.

Wie geht das? Schwalben und Möwen haben einen entscheidenden Vorteil, auf den mich Wolfgang Fiedler von der Vogelwarte in Radolfzell hingewiesen hat. Schwalben sehen zwar nicht unbedingt schärfer, aber ihr Sehsystem hat – wie das der meisten Vögel – eine starke *zeitliche* Auflösung. Der Mensch kann ungefähr 20 Bilder pro Sekunde verarbeiten, bei Vögeln ist es das Doppelte bis Dreifache. Wenn wir Menschen zum Beispiel Fahrrad fahren, sehen wir die Mücken nicht, weil sie so schnell an uns vorbeisausen, dass wir sie nicht bewusst wahrnehmen können. Wir bemerken die Mücken erst, wenn sie beim Radfahren in unseren Augen landen. Schwalben dagegen können, weil ihre Augen mehr Bilder verarbeiten, auch in der Bewegung kleine Mücken erfassen.

Es gibt noch weitere Unterschiede im Sehsystem. So können Vögel ihre beiden Augen unterschiedlich akkommodieren, das heißt, sie können sie auf unterschiedliche Entfernungen einstellen. Das linke Auge kann auf etwas Näheres fokussiert werden als das rechte. Diese Akkommodation erfolgt sehr schnell.

Ein weiterer Unterschied schließlich ist die Farbwahrnehmung. In unseren Augen gibt es drei verschiedene Typen von Zapfen – einfach ausgedrückt reagieren die einen auf rotes Licht, die anderen auf grünes und die dritten auf blau-violettes Licht. Weil wir diese drei Arten von Zapfen haben, können wir jeden Farbton aus einer Mischung dreier Grundfarben erzeugen – man könnte sagen, unser Farbsystem hat drei Dimensionen. Vögel haben aber vier, manche sogar fünf Zapfentypen, das heißt, ihr Farbsystem hat ein bis zwei Dimensionen mehr. Das ist ein großer Unterschied, und die Dichte dieser Zapfen ist gerade bei Schwalben sehr hoch.

Es kommt, sagt Wolfgang Fiedler, aber auch auf die Flugtechnik an. Schwalben sind besonders wendige Tiere, die sehr schnell auf optische Reize – wie herumfliegende Mücken – reagieren können. Und es gibt noch ein interessantes Phänomen: Stellen wir uns vor, eine Schwalbe fliegt mit 40 oder 50 km/h und reißt plötzlich den Schnabel auf. Dann würde ihr erstens der Fahrtwind den Unterschnabel ausrenken und zweitens verändert sie auch ihre Aerodynamik. Wenn der Schnabel geschlossen ist, fliegt die Schwalbe schön stromlinienförmig durch die Lüfte; wenn sie ihn aufreißt, müsste sie durch den plötzlichen Luftwiderstand ins Trudeln geraten. Deshalb macht sie das auch nicht in dieser Form; allenfalls dann, wenn sie langsam fliegt. Fängt sie aber aus dem schnellen Flug heraus Insekten, dann kommt sie eher von unten, mit einem kleinen abbremsenden Aufwärtsflug – oder mit einer eleganten Schnappbewegung von oben her, wenn die Mücke gerade auf Bauchhöhe ist.

Warum ist Vogelkot weiß?

Bei weißem Vogelkot handelt es sich in Wirklichkeit weniger um Kot als um Urin. Zumindest um eine Mischung aus beidem. Denn Vögel scheiden Kot und Urin oft gleichzeitig aus und haben für beides nur eine Körperöffnung. Der Haufen, den die Vögel hinterlassen, ist am Rand eher dunkel-gräulich, in der Mitte aber weiß. Das Dunkle ist der eigentliche Kot, das Weiße in der Mitte der Urin. Wenn der Urin überwiegt, dann ist alles weiß.

Und warum ist der Urin weiß und gleichzeitig so fest?

Der Urin der Vögel ist relativ fest, weil sie ziemlich wenig Wasser trinken. Sie trinken kaum auf Vorrat, denn das würde sie unnötig schwer machen und beim Fliegen behindern.

Warum aber ist dieser Vogelurin weiß und nicht wie bei uns gelb? Es gibt zwei Unterschiede. Erstens: Unser Urin besteht aus Harnstoff, und der ist farblos transparent. Vogelurin dagegen besteht aus Harnsäure, und die hat einen weißen Grundton. Zweitens: Der menschliche Harn enthält rote Blutkörperchen – in starker Verdünnung sorgen die für die gelbe Farbe. Die roten Blutkörperchen werden in unserem Körper regelmäßig ausgewechselt und die Entsorgung findet über den Urin statt. Vögel behalten ihre roten Blutkörperchen länger und scheiden sie deshalb seltener aus. Im Urin der Vögel gibt es also keine roten Blutkörperchen, deshalb behält der Urin die weiße Farbe der Harnsäure.

Warum können Papageien sprechen?

Papageien plappern nicht nur Menschen nach – dieses Phänomen entsteht eher als Nebeneffekt einer viel grundlegenderen Eigenschaft: Papageien passen sich anderen Papageien an.

Die Heimat der Papageien ist der Regenwald, dort leben sie in Gruppen. Innerhalb dieser Gruppen gibt es oft – wie in sozialen Gruppen bei Menschen – einen vorherrschenden Klang oder Slang, an dem sich die Mitglieder der Gruppe gegenseitig erkennen und von anderen abgrenzen. Diesen Slang können sich Papageien aneignen. Andere Vögel machen das in gewissen Grenzen auch, nur anders. Singvögel singen. Papageien haben bekanntlich keine besonders schönen Singstimmen – da hat das Plappern die Rolle übernommen, die bei anderen Vögeln das Singen hat.

Übrigens auch, wenn ein Männchen einem Weibchen imponieren will: Die Nachtigall- und Blaumeisenmännchen singen, die Papageien plappern – weil sie eben dafür von der Natur ausgestattet sind. Ihr Stimmapparat ist primitiver als bei den meisten anderen Vögeln, dafür – da erzähle ich den Papageienfreunden nichts Neues – haben sie eine dicke Zunge, mit der sie sehr viele verschiedene Laute hervorbringen. Wie gesagt: Eigentlich nutzen sie ihre Fähigkeit zur Kommunikation und Anpassung in ihrer Papageiengruppe. Wenn sie aber bei Menschen aufwachsen, wird der Mensch zu ihrer Bezugsperson, und so ahmen sie ihn nach. Wobei sie, selbst wenn es manchmal den Eindruck macht, natürlich nicht die einzelnen Wörter verstehen.

Was war zuerst, die Henne oder das Ei?

Eine ebenso alte wie scheinbar knifflige Frage. Früher kam auch noch der liebe Gott ins Spiel: Hat der erst ein Ei erschaffen, aus dem ein Huhn schlüpft, oder erst ein Huhn, das ein Ei legt? Heute wissen wir, dass sich das Leben auf der Erde allmählich entwickelt hat, und Hühner sind ein Ergebnis der Evolution.

Hühner sind Vögel. Die Vögel wiederum haben sich aus den Dinosauriern entwickelt, die wiederum stammen von den Reptilien ab, die von den Amphibien und die von den Fischen. Insofern könnte ich mir die Antwort leicht machen und sagen: Eier gab es in der Evolution schon viel früher als es Hühner gab. Denn schließlich haben die Dinosaurier Eier gelegt und vor ihnen die ersten Amphibien, sogar Fische legen ja Eier – wenn die auch keine feste Schale haben. Die Antwort wäre also einfach: Eier gab es lange, bevor es Hennen gab, nur waren das keine Hühnereier.

Aber natürlich zielt die Frage – Henne oder Ei? – auf Hühnereier ab. War nun das Huhn zuerst oder das Hühnerei? Aus logischer Sicht lautet jedoch die Antwort auch hier: das Ei. Das wird klarer, wenn ich die Frage umformuliere: Wer hat denn das Ei gelegt, aus dem das erste Huhn geschlüpft ist?

Ein Huhn, könnte man meinen … eben nicht! Denn wenn wir von „Hühnern“ sprechen, ist das nur ein Name, den wir Menschen einer bestimmten Gruppe von Vögeln gegeben haben, die so und so aussehen und sich heute von anderen Vögeln unterscheiden. Aber die Evolution geht langsam, es gab in diesem Sinne nie ein eindeutig erstes „Huhn“, sondern das ist eine willkürliche Bezeichnung: Es gab Vorfahren, die den Hühnern schon ähnelten, aber noch etwas anders aussahen. Diese Ur-Hühner haben Kinder bekommen, diese Kinder haben wieder Kinder gezeugt.

Nun hat irgendwann, vor Urzeiten, eine Vogelmama mit einem Vogelpapa ein Küken gezeugt, das den heutigen Hühnern genetisch oder äußerlich so ähnlich war, dass wir oder ein Vogelexperte vielleicht gesagt hätten: Ah, das ist jetzt das erste „richtige“ Huhn! Es gibt in der Biologie keine so exakten Kriterien, die das „erste Huhn“ definieren und von seinen Vorfahren, den „Noch-nicht-Hühnern“ unterscheiden. Aber wenn man die Frage nach dem ersten Hühnerei ernst nehmen und exakt beantworten wollte, müsste man solche Kriterien festlegen.

Dann gäbe es ein eindeutig „erstes Huhn“, und dieses so definierte Huhn ist logischerweise aus einem Ei geschlüpft, das seine Mutter gelegt hat, die gerade noch kein Huhn war. Jetzt stellt sich die große Frage: War das nun ein

„Hühnerei“ oder nicht? Das Küken in diesem Ei trägt bereits Hühnererbgut. Es gehört, wenn man so will, zum Frühstadium des werdenden Huhns, also ist es ein Hühnerei. Und dieses erste Hühnerei existierte, bevor es das erste Huhn gab.

Wenn das Ei vor der Henne da war, wie kamen überhaupt die ersten Eier in die Welt?

Diese Frage ist bei der letzten Frage noch offengeblieben. Hierzu müssen wir in der Evolution weit zurückgehen. Lange bevor es Hühner gab, haben Dinosaurier Eier gelegt, davor schon die Amphibien, davor haben Fische gelaicht und vor ihnen andere, wirbellose Tiere. Das waren noch keine Eier mit fester Schale wie das Hühnerei, aber das „Prinzip Ei" taucht bereits bei den ersten Organismen auf. Auch hier kann man die Frage stellen: Was war zuerst da? Dahinter steckt die Frage nach den Anfängen der sexuellen Fortpflanzung: Wann kam das Ei als Fortpflanzungsprinzip in die Welt? Das haben Evolutionsforscher noch längst nicht richtig geklärt; ich versuche das wenige, was sie wissen, zusammenzufassen.

Erstens: Das Prinzip der geschlechtlichen Fortpflanzung hat vermutlich schon mit einzelligen Lebewesen und Pilzen angefangen.

Zweitens: Heute gibt es zwei Arten von Geschlechtszellen, die wir Ei- und Samenzelle nennen. Sie unterscheiden sich sehr stark. Evolutionsforscher nehmen an, dass sich die Geschlechtszellen ursprünglich recht ähnlich waren, dass es also diese Unterscheidung zwischen Ei- und Samenzelle ursprünglich so nicht gab.

Erst im Lauf der Jahrmillionen haben sie sich auseinanderentwickelt, weil sich diese Arbeitsteilung als sinnvoll erwiesen hat: Auf der einen Seite kleine und bewegliche Samenzellen, die die Männchen quasi in Massenproduktion herstellen können – und auf der anderen Seite große Eizellen, die neben dem Erbgut noch all die Nährstoffe und sonstigen Faktoren mitbringen, die für die weitere Entwicklung notwendig sind.

Es gibt Experimente, die darauf hinweisen, dass das, was wir heute als geschlechtliche Vermehrung betrachten – als Verschmelzung von Ei- und Samenzelle – ursprünglich eher eine Art Fressprozess war, dass eine Zelle sich eine andere, artverwandte Zelle sozusagen einverleibt hat bzw. sich umgekehrt eine Zelle als Parasit in einer anderen eingenistet hat und diese Zellen dann ihr Erbgut geteilt haben. Da bewegen wir uns noch auf der Ebene der Einzeller – wenn wir vom „Eier-Legen" sprechen, meinen wir damit aber Tiere oder höhere Organismen, die solche Geschlechtszellen absondern. Das wäre dann der nächste Schritt.

Es gibt nun einen entscheidenden Unterschied zwischen normalen Körperzellen und Geschlechtszellen: Bei den normalen Körperzellen liegt das Erbgut doppelt vor, sie haben einen doppelten („diploiden") Chromosomensatz. Ei- und Samenzellen dagegen haben das Erbgut nur in einfacher Ausführung (haploid). Bei der Befruchtung verschmelzen sie zu einer Stammzelle, einer ersten Körperzelle, aus der dann alles Weitere entsteht. Die Zelle teilt sich, die Tochterzellen teilen sich weiter, differenzieren sich aus – so entsteht ein neues Lebewesen.

Man könnte nun sagen, die primitivste Form des „Eierlegens" begann, als es Organismen gab, die beide Arten von Zellen besitzen: Zum einen solche mit doppeltem Erbgut – die den größten Teil des Körpers des Lebewesens ausmachen – und daneben an bestimmten Stellen auch Zellen, die das Erbgut nur einfach vorliegen hatten. Diese spezielle Form der Zellteilung, bei der der Chromosomensatz halbiert wird, heißt Meiose und war wohl einer der entscheidenden Schritte, damit sich das „Prinzip Ei" als Fortpflanzungsmechanismus etablieren konnte. Organismen mit doppeltem Erbgut teilen sich zu Geschlechtszellen mit einfachem Erbgut, die dann ihrerseits mit anderen Geschlechtszellen verschmelzen, sodass wieder Zellen mit doppeltem Erbgut entstehen.

Schließlich sondert der Körper diese befruchteten Eizellen ab, sodass sich außerhalb des Mutterkörpers ein neuer Organismus bildet. Nachdem sich dieses Prinzip während der Evolution etabliert hatte, wurde es verfeinert und perfektioniert: Die Geschlechtszellen haben sich ausdifferenziert in Ei- und Samenzellen, wurden immer unterschiedlicher, die Eizellen wurden immer besser geschützt, bekamen dann sogar irgendwann eine harte Schale. So kann man sich in ganz groben Zügen die Evolution des Eis erklären, auch wenn bei den Details noch einiges unklar ist. Immerhin ist sicher: Das erste Ei war im wahrsten Sinne ein Bio-Ei.

Woher kommt die Geschichte mit dem Klapperstorch?

Früher wollte man den kleinen Kindern die wahren Umstände von Zeugung und Geburt nicht auf die Nase binden. Die Vorgänge im und um den Unterleib herum waren ja schließlich nichts für Kinderohren. Trotzdem bleibt natürlich die Frage: Warum hat man sich gerade das mit dem Storch ausgedacht?

Versetzen wir uns ein paar Jahrhunderte zurück: Wer sonst hätte denn als Baby-Lieferant in Frage kommen können? Elefanten und Kängurus leben hier nicht. Wölfe und Bären schieden aus, weil sie als böse galten: Sie haben Kinder verschlungen und nicht gebracht – ging also nicht. Die meisten anderen Tiere, auch Vögel, waren wiederum zu klein. Man hätte schlecht den Kindern erzählen können, eine Amsel hätte sie gebracht. Der Storch aber war ein heimisches Tier, er war bekannt und er war groß genug.

Und warum „Klapperstorch"? Das ist eine andere Bezeichnung für den Weißstorch. Dieser hält sich viel am Wasser auf. Er schnäbelt in Tümpeln und anderen flachen Gewässern herum. Experten wie der Mainzer Volkskundler Michael Simon sagen, auch diese Eigenschaft hat dem Storch zu seinem Ruhm als Babybringer verholfen. Denn im Wasser wohnten in den Vorstellungen des alten deutschen Volksglaubens die Seelen der Kinder. Wie überhaupt das Wasser als Symbol und Ursprung für den Beginn neuen Lebens galt. Möglicherweise war das eine Anlehnung an das Fruchtwasser im Mutterleib.

Der Storch wiederum hält sich auch deshalb am Wasser auf, weil er dort Frösche fängt – und der Frosch galt im Mittelalter seinerseits als Fruchtbarkeitssymbol. So lassen sich in dieser Storch-Geschichte einige mythologische Motive wiederfinden. Dazu passt, dass der Storch früher auch den Spitznamen Adebar hatte. Dieser Name setzt sich zusammen aus dem althochdeutschen „Auda", das bedeutete Glück, und der Endsilbe „bar", die „bringen" oder „tragen" bedeutet. Adebar – also der Glücksbringer.

Welche Farbe nimmt ein Chamäleon in einem Raum voller Spiegel an?

Es klingt zunächst wie eine Fangfrage. Das Chamäleon ist ja sprichwörtlich das Tier, das sich zum Zweck der Tarnung immer seiner Umgebung anpasst. Und jetzt die Frage: Wenn diese Umgebung nur aus seinem eigenen Spiegelbild besteht – was ist dann sozusagen die Basisfarbe? Jetzt die kleine Enttäuschung: Dass ein Chamäleon immer automatisch die Farbe seiner Umgebung annimmt, ist ein Mythos. Die Tarnung spielt in Wahrheit nur eine untergeordnete Rolle beim Farbwechsel eines Chamäleons. Es setzt Farben vielmehr hauptsächlich dazu ein, um mit Artgenossen zu kommunizieren. Beispiel: Treffen sich zwei Chamäleon-Männchen, entsteht eine Konkurrenzsituation. Je nachdem, ob das Chamäleon jetzt Kampfbereitschaft zeigen will oder Unterwerfung, signalisiert es das mit der Farbe. Und das kann dann wirklich in Sekundenschnelle passieren.

Vor diesem Hintergrund stellt sich die Frage, welche Farbe das Chamäleon in einem Spiegelsaal annehmen würde, ganz anders. Nämlich die Frage ist dann: Wie erlebt es sein eigenes Spiegelbild und in welchen Kommunikationsmodus tritt es mit ihm? Da gilt für Chamäleons das, was bis auf wenige Ausnahmen für die meisten Tiere gilt: Sie können sich im Spiegel nicht selbst erkennen. Was also sieht das Chamäleon, wenn es in den Spiegel guckt? Es sieht, aus seiner Wahrnehmung, ein fremdes Chamäleon. Darüber sind Chamäleons in der Regel nicht so erfreut. Denn sie sind, außer zum Paaren, am liebsten allein. Wenn das – männliche – Chamäleon ein Ebenbild von sich sieht, dann sieht es einen Konkurrenten. Und das bedeutet Stress. Die typische Stressfärbung ist meist ziemlich leuchtend-grell, sie dient auch dazu, den vermeintlichen Gegner im Spiegel einzuschüchtern.

Das ist aber nicht bei allen Chamäleons gleich. Viele nehmen bei Stress ein leuchtendes grün-gelbes Muster an. Das hängt unter anderem von der Art des Tiers ab. Es gibt Chamäleons, deren Farbe sich kaum verändert. Was auch eine Rolle spielt, ist die Jahreszeit. In der Balzzeit sind sie allgemein aggressiver und daher stärker gefärbt. Außerdem kommt es darauf an, wie nahe das Chamäleon vor dem Spiegel steht. Je näher, desto näher erscheint auch der vermeintliche Rivale, und desto stärker ist die Reaktion. Wenn man tatsächlich davon ausgeht, dass der ganze Raum voller Spiegel hängt, die das Tier vielfach spiegeln, wird es wahrscheinlich komplett überwältigt sein, resignieren oder gar buchstäblich umfallen.

Dieses Experiment ist offenbar noch nicht gemacht worden. Zumindest haben wir bei einem Experten angerufen, Frank Glaw von der zoologischen Staatssammlung in München, der geholfen hat, diese Frage zu beantworten – aber von einem Experiment, bei dem Chamäleons wirklich mal zu Forschungszwecken in einen Spiegelsaal gestellt worden wären, war ihm auch nichts bekannt.

Überleben Fische, die einen Wasserfall hinunterstürzen?

Es kommt vor, dass Fische Wasserfälle hinunterfallen, aber das ist eher die Ausnahme. Die meisten Fische schwimmen gegen die Strömung. Da oberhalb eines Wasserfalls eine starke Strömung herrscht, vermeiden Fische tendenziell diese Gefahrenzone. Das gelingt nicht allen, denn gleichzeitig sind die Strudel und Stromschnellen oberhalb von Wasserfällen für die Fische sehr attraktiv, da das Wasser dort gut durchmischt und durchlüftet ist und es viele Nährstoffe gibt.

So geraten sie dann doch immer wieder mal hinein. In den Stromschnellen kommen sie unter Umständen ins Taumeln, werden von der Strömung zum Wasserfall gezogen und stürzen hinunter. Gerade bei den größeren Wasserfällen wie den Niagarafällen kommt das ständig vor. Ein paar Fische prallen dabei auf Felsen – das ist lebensgefährlich. Aber die meisten platschen erstmal ins Wasser. Das macht ihnen in der Regel nichts aus – diese Flussfische sind da sehr robust.

Die eigentliche Gefahr droht erst danach: Wenn sie nämlich unten angekommen sind, sind sie anfangs noch etwas desorientiert. Auf der offiziellen Internetseite der Niagarafälle heißt es, dass manche für mehrere Minuten an der Oberfläche treiben. In diesem Zustand sind sie ein gefundenes Fressen für Möwen und Seeschwalben. Wenn sie denen entkommen, schwimmen sie weiter stromabwärts.

Bei anderen Wasserfällen ist es ähnlich. Im Ergebnis kommt es vor allem darauf an, wo die Fische beim Sturz landen: Landen sie im Wasser, ist das trotz der Höhe kein Problem. Wenn aber unten lauter Felsen sind, kann das tödlich sein.

Nun nehmen wir an, ein Fisch stürzt einen Wasserfall hinunter und überlebt. Die nächste Frage ist: gelangt er jemals zurück in sein eigentliches „Revier“? Unter Umständen schon. Es gibt Fische, die genau an diese Situation angepasst sind. Auf einigen pazifischen Inseln – Hawaii zum Beispiel – gibt es kleine Fische, eine spezielle Art von Süßwassergrundeln, die oberhalb – also flussaufwärts – des Wasserfalls laichen, also ihre Eier ablegen. Der Vorteil ist, dass diese dort sicher vor Raubfischen sind. Die geschlüpften Jungtiere treiben flussabwärts, fallen einen Wasserfall hinunter und gelangen mit der Strömung weiter ins Meer.

Später, zur Paarung und zum Laichen, schwimmen die Fische zurück in die Flüsse, ins Süßwasser, und klettern dann regelrecht die Wasserfälle hoch. Sie halten sich dabei mithilfe von Saugscheiben, manche sogar mit dem Maul, am Untergrund fest.

Auch bei uns im Rhein gibt es Aale, die den Rheinfall bei Schaffhausen überwinden können. Allerdings muss man sagen, dass sie an dieser Stelle nicht im Wasser schwimmen, sondern sich eher am Ufer des Rheins hochschlängeln.

Was treibt Hamster ins Hamsterrad?

Der Bewegungsdrang! Wilde Goldhamster müssen in der freien Natur ziemlich viel laufen, sei es, um Nahrung zu suchen, um vor Feinden wegzulaufen oder auf der Suche nach einem Partner.

Rechnet man nach, dann läuft ein Hamster ganz schön viel. In einer Nacht schafft er bis zu 30 000 Umdrehungen – wenn man das umrechnet, sind es 20 bis 30 Kilometer. Weibchen laufen während ihres Eisprungs mehr – auch das liegt in ihrer Natur, denn in der freien Wildbahn würden sie sich auf Männersuche begeben. Wenn sie aber Junge haben, interessiert sie das Laufrad gar nicht. In der Natur würden sie sich auch um den Nachwuchs kümmern, statt durch die Landschaft zu laufen.

Das alles gilt nicht nur für Hamster, sondern für fast alle Nagetiere. Deshalb gibt es auch Laufräder für Meerschweinchen. Dass man trotzdem meistens vom Hamsterrad spricht, liegt vor allem daran, dass Laufräder für andere Nager nicht so verbreitet sind. Meerschweinchen und andere Nagetiere sind ja größer und brauchen entsprechend größere Laufräder. Wenn man ein Meerschweinchen in ein Hamsterrad setzen würde, wäre es dauernd im Hohlkreuz, und das wäre nicht gesund.

Dass der Bewegungsdrang zur Natur des Hamsters gehört, kann man experimentell zeigen: Stellt man ihnen nur eine Laufradattrappe zur Verfügung stellt – ein Rad, das sich gar nicht dreht – dann fangen sie irgendwann stattdessen an, am Gitter des Laufstalls zu nagen, oder versuchen gar, hochzuklettern. Das kann man als Ausbruchsversuch deuten, zumindest aber als ein Zeichen, dass sich das Tier nicht wohlfühlt, wenn es keinen Raum zum Laufen hat.

In älteren Heimtierbüchern liest man gelegentlich noch die These, dass das Laufen im Hamsterrad ein Suchtverhalten darstellt bzw. Sucht auslösen kann. Das ist jedoch inzwischen widerlegt. Wäre es ein Suchtverhalten, würden die Tiere zum Beispiel mehr laufen als ihnen guttut – denn das ist ein typisches Merkmal von Sucht. Das tun sie aber nicht; sie machen ja Pausen oder hören auch mal eine Weile auf zu laufen – und zwar nicht nur deshalb, weil sie schlapp sind. Dazu gibt es ebenfalls Versuche: Wenn man die Tiere stresst, indem man zum Beispiel ein Frettchen in ihrer Sichtweite positioniert – Frettchen sind natürliche Fressfeinde – dann laufen sie besonders viel, genau wie in der Natur.

Danke an Sabine Gebhardt, Universität Bern

Das heißt im Umkehrschluss: Wenn sie mal aus dem Laufrad aussteigen, dann nicht, weil sie nicht mehr können, sondern weil ihr Bewegungsdrang gestillt ist. Ähnlich wie wenn Menschen einen Spaziergang beenden – und Spazierengehen macht ja in der Regel auch nicht süchtig.

Können Tiere dement werden?

Ja, das ist leider so und trifft vor allem Haustiere, denn die werden von ihren Besitzern gepflegt, geschützt und medizinisch versorgt, sodass sie auch entsprechend lange leben. In der freien Natur findet man kaum altersdemente Tiere, denn sobald sie anfangen, geistig oder in ihrem Reaktionsvermögen nachzulassen, wird es für sie schwer zu überleben. Sie werden dann in kürzester Zeit eine leichte Beute für Räuber oder finden selbst nichts mehr zu fressen.

Wie zeigt sich Demenz bei Tieren?

Ähnlich wie beim Menschen. Der Orientierungsvermögen geht zurück. Sie finden nicht mehr alleine heim. Hunde bleiben beim Gassi gehen plötzlich stehen, machen einen lethargischen Eindruck, sind nicht mehr neugierig, wenn jemand kommt. Katzen verfehlen beim Hochspringen die Fensterbank oder miauen nachts häufig ohne erkennbaren Grund. Die Tiere machen immer die gleichen Bewegungen, laufen ständig im Haus herum oder, umgekehrt, zeigen sich ängstlich und kommen gar nicht mehr vom Sofa hoch. Auch Inkontinenz kann ein Hinweis auf Demenz sein. Das alles sind Indizien, wie man sie vom Menschen kennt.

Nun unterscheidet man beim Menschen zwischen normaler Altersdemenz und der speziellen Form der Alzheimer-Krankheit. Diese Unterscheidung gibt es auch bei Tieren – sie können ebenfalls Alzheimer im engeren Sinn bekommen. Das weiß man seit einigen Jahren.

Es gilt heute als gut gesichert, dass Alzheimer durch bestimmte Eiweiße ausgelöst wird, „Beta-Amyloide“ – und die hat man in den Gehirnen alter Katzen mit den entsprechenden Verhaltensänderungen auch gefunden. Und bei Hunden ebenfalls.

Ist es möglich, wie im Film *Jurassic Park* aus versteinerter DNA Dinosaurier zu züchten?

In *Jurassic Park* finden Wissenschaftler eine Mücke in einem uralten Bernstein, in der Mücke das Blut von einem Dinosaurier, und in dem Blut DNA-Reste. Daraus lassen sie die Dinosaurier auferstehen. Geht das tatsächlich? – Nein, zumindest heute nicht und es gibt auch keine Idee, wie das jemals funktionieren sollte.

Der Grund ist ziemlich einfach: Die Erbsubstanz, die DNA, ist ein ganz dünnes empfindliches Gebilde, eine lange filigrane Molekülkette. Bisher gibt es keinen anerkannten Beweis, dass sie länger als ein paar zehntausend Jahre überdauert. Man hat zwar schon DNA von Mammuts gefunden – das sibirische Eis hat sie konserviert – doch diese Tiere haben vor höchstens 60 000 Jahren gelebt. Die Dinosaurier dagegen sind vor 65 Millionen Jahren ausgestorben, und aus dieser Zeit ist, so wie es aussieht, kein genetisches Material übrig. Höchstwahrscheinlich nicht einmal als Einschluss im Bernstein.

Bernstein wäre zwar ein relativ guter Aufbewahrungsort, aber auch dort wird DNA nicht bis in alle Ewigkeit konserviert. 2016 berichtete der chinesische Forscher Lida Xing von einem Stück Dinosaurierschwanz, den sie in einem aprikosengroßen Stück Bernstein in Burma gefunden haben. 3,5 Zentimeter lang, 100 Millionen Jahre alt. Doch auch dieses Gewebe enthält keinerlei DNA mehr, aus der man irgendetwas klonen könnte. Das Gewebe sei total verkohlt, sagte mir Lida Xing auf Anfrage.

Vorher gab es schon vergleichbare Berichte von in Bernstein eingeschlossenen uralten Käfern. Dort soll angeblich sogar noch DNA vorhanden gewesen sein. Diese Geschichten waren es, die den Autor von *Jurassic Park*, Michael Crichton, überhaupt erst auf die Idee des Plots gebracht haben. Das Problem bei den Käfern war, dass die Forscher das einfach so behauptet haben. Niemand konnte es überprüfen, weil die Gewebeprobe so klein war, dass sie durch die ersten Versuche bereits aufgebraucht war. Kurz: Bisher hat also niemand Erbmaterial gefunden, das nachweislich älter als ein paar zehntausend Jahre ist.

Die genannte Mammut-DNA wiederum stammte nicht aus Bernstein, sondern aus Haaren, die im Eis tiefgefroren waren. Seit über 10 Jahren kündigen Wissenschaftler an, daraus neue Mammuts zu klonen, aber faktisch gibt es da sehr große Hürden.

Erstens: Selbst von der DNA, die man gefunden hat, sind nur zwei Drittel übrig, und die DNA – die ja aus Milliarden von Bausteinen besteht – liegt nicht mehr in einem Stück vor, sondern besteht aus unendlich vielen kleinen Schnipseln. Zweitens: Die DNA ist verunreinigt. Die toten Mammuts haben ja trotz des Eises angefangen zu verwesen. Mikroorganismen haben an ihnen genagt und mit ihrer eigenen DNA die Überreste des Mammut-Erbguts verunreinigt. Und weil man nicht das komplette Erbgut hat, müsste man die Lücken zwischen den Originalschnipseln mit künstlicher DNA auffüllen. Das geht heute alles noch nicht.

Aber selbst angenommen, eines Tages hätte man die DNA. Um daraus ein Mammut zu klonen, müsse sie in einen künstlichen Zellkern verpackt werden. Für den wiederum bräuchte man eine Mammut-Eizelle; die gibt es nicht. Also müsste Mammut-DNA in eine Elefanten-Eizelle eingeschleust werden mit dem Ziel, dass eine Elefantenkuh den Embryo austrägt und gebiert. All das ist mit vielen Risiken behaftet. Und bei den Sauriern – da sind all diese Schwierigkeiten noch um ein Vielfaches größer.

Der Mensch, von Kopf bis Fuß

Haben empathische Menschen mehr Spiegelneuronen?

Das kann man so sicher nicht sagen. Zwar gibt es inzwischen Hinweise darauf, dass Spiegelneuronen und Einfühlungsvermögen irgendwie zusammenhängen, aber es ist sehr schwierig herauszufinden, wie dieser Zusammenhang aussieht.

Die Spiegelneuronen wurden Anfang der 1990er-Jahre bei Affen entdeckt. Forscher fanden heraus: Wenn ein Affe einen anderen beim Ausführen einer bestimmten Handlung beobachtet, dann sind im beobachtenden Affen zum Teil die gleichen Nervenzellen aktiv, wie wenn er diese Bewegung selbst ausführt. Deshalb der Begriff „Spiegelneuronen". Diese Studien bezogen sich aber zunächst nur auf Bewegungsprozesse – es ging da nicht um Einfühlung. Dennoch wurde ein Zusammenhang von Anfang an vermutet. 10 Jahre später wurde dann festgestellt: Solche Neuronen gibt es beim Menschen prinzipiell auch. Und wenn man schaut, wo im Gehirn sich diese Neuronen befinden, dann findet man sie zum Teil in den gleichen Arealen, die für das Antizipieren von Bewegungen zuständig sind. Daneben aber auch in einem Bereich, der sich „Insel" nennt und unter anderem bei der Verarbeitung bestimmter Gefühle wie Schmerz und Ekel eine Rolle spielt.

Daraus leiten nun einige Wissenschaftler ab, dass Spiegelneuronen zumindest das Einfühlungsvermögen in Bezug auf ein Gefühl wie Ekel vermitteln. Und wenn sie das tun, dann ja vielleicht auch in Bezug auf andere Gefühle wie Freude oder Angst. Das alles sind aber Interpretationen und Mutmaßungen. Denn: Sich in jemanden hineinzuversetzen – also zu spüren, wie sich eine bestimmte Bewegung „anfühlt" oder welche Absicht jemand mit einer Handlung verfolgt – heißt noch nicht, sich hineinzufühlen, also auch das dahinter stehende *Gefühl* anzunehmen.

Ein Beispiel: Ich sehe im Gesicht einer anderen Person, dass sie sich ekelt. Das erkenne ich vor allem an der Mimik – das heißt an Gesichtsbewegungen. Meine „Spiegelneuronen" vollziehen diese Mimik innerlich nach. Doch das bedeutet noch nicht zwangsläufig, dass sich das Ekelgefühl auf mich überträgt. Dafür müsste mein Gehirn – in einem zweiten Schritt – diese mimischen Bewegungen erst noch *emotional* übersetzen. Also melden, dass sich diese Mimik so anfühlt: eklig. Dann erst würde ich den Ekel auch selbst spüren.

Ob das aber wirklich so abläuft, ist bisher nur eine Vermutung. Noch ist gar nicht klar, ob diese Übersetzungsleistung von Bewegungs- in Gefühlsempfindungen von den Spiegelneuronen selbst erbracht wird. Vielleicht sind dafür wieder ganz andere Nerven zuständig – das Gehirn ist ja sehr arbeitsteilig. An diesem Beispiel wird vielleicht deutlich, wo ungefähr die Grenze verläuft zwischen dem, was man weiß, und dem, was man nicht weiß.

Man weiß, es gibt diese Neuronen bei Menschen, weil man sie bei Versuchen an einzelnen Menschen nachgewiesen hat. Doch anders als der Begriff „Spiegelneuronen" suggeriert, sehen diese Nerven nicht anders aus als andere Nerven. Deshalb kann man sie auch nicht ohne weiteres „zählen", und schon gar nicht hat man bisher verglichen, ob manche Menschen mehr davon haben als andere, geschweige denn, ob diese Menschen „einfühlsamer" wären. Es könnte genauso sein, dass für das Einfühlungsvermögen nicht die Zahl dieser Neuronen für Einfühlung verantwortlich ist, sondern ihre Aktivität – also wie intensiv sie feuern.

Und es gibt Wissenschaftler, die halten die Spiegelneuronen und was in sie hineininterpretiert wird für einen populärwissenschaftlichen Hype. Sie warnen davor, in diese Neuronen allzu viel hineinzugeheimnissen. So bleiben die Spiegelneuronen bis auf weiteres ein plakatives Schlagwort, das mehr zu erklären vorgibt, als wirklich belegt ist.

Folgen Männer am Grill ihrem Steinzeit-Instinkt? Gibt es ein Grill-Gen?

Klar ☺! Die genetische Bestimmung des Mannes ist das Anfachen der Glut, das Wenden des Steaks und natürlich das gleichzeitige Verlangen nach einem kühlen Bier ...

Im Ernst: Tatsächlich haben sich Evolutionsbiologen lange recht leicht damit getan, sich solche Geschichten auszudenken. Der Mann am Grill – das Relikt des steinzeitlichen Jägers, der seine Familie versorgt hat, der leise und vor allem schweigsam mit seinen Jagdgenossen erst auf die Beute gelauert und sie, als sie erlegt war, dann ebenso schweigsam auf dem Feuer gegart hat. Nur das Bier hat damals noch gefehlt ...

Bücher, die solche Weisheiten verbreiten, verkaufen sich gut: Bücher, die erklären, warum Männer dies nicht können und Frauen jenes nicht. Das Problem mit dieser Art von Evolutionsgeschichten ist, dass sie sich selten beweisen lassen.

Mal ein anderes Beispiel: Vor 25 Jahren hätte man sich überlegen können, welche steinzeitlichen Rollenmuster dazu führen, dass Fußball scheinbar ganz klar Männersache ist. Vielleicht weil in so einem Fußballspiel die steinzeitliche Kämpfernatur zum Vorschein kommt? Inzwischen hat sich die Frage aber fast schon erübrigt, denn in den letzten 10 Jahren hat sich die Zahl der weiblichen Fußball-Freaks verdoppelt – im Stadion wie vor dem Bildschirm. Und wenn jeder dritte Fan eine Frau ist – was soll dann noch die Frage nach der Evolution? Und so kann es auch beim Grillen sein.

In solchen Erklärungsmodellen steckt ja oft folgendes Argumentationsmuster:

- „Der Mann am Grill ist das Abbild des Steinzeitjägers."
- „Und woher weiß man, dass in der Steinzeit die Männer auf die Jagd gingen?"
- „Ist doch logisch, sonst würden sie heute nicht am Grill stehen."

Zirkelschluss nennt man so etwas – und das ist in der Wissenschaft immer tückisch. Deshalb empfiehlt es sich, nach anderen Spuren zu suchen. Zum Beispiel so: Wenn immer nur die Männer gejagt hätten – wie passt das dann dazu, dass durchaus steinzeitliche Frauen mit Messern und anderen Waffen bestattet wurden? Und wie erklären sich die weiblichen Handabdrücke neben den Höhlenmalereien der Steinzeit? Viele dieser Malereien zeugen davon, dass die Maler ihre Beutetiere sehr genau beobachtet haben. Wenn sich weibliche

Handabdrücke neben diesen Tierabbildungen zeigen, spricht das dafür, dass Frauen bei der Jagd zumindest dabei waren. Die interessante Frage ist also vielleicht gar nicht: „Warum stehen Männer so gerne am Grill?“, sondern eher: „Warum ergötzen sie sich an solchen Geschichten aus der Steinzeit?“

Warum verlieben wir uns?

Eine der großen Fragen nicht nur der Wissenschaft, sondern überhaupt des Lebens …

Erstmal: Was passiert im Gehirn, wenn wir verliebt sind? Dazu hat die Hirnforschung in den vergangenen Jahren ein paar Erkenntnisse hervorgebracht, insbesondere die US-amerikanische Anthropologin Helen Fisher war dabei sehr aktiv. (Nicht zu verwechseln mit der deutschen Sängerin ähnlichen Namens – die eine singt von Liebe, die andere forscht darüber.) Oberflächlich betrachtet ähnelt Verliebtsein einem Suchtverhalten. Wenn wir glücklich verliebt sind – wir sozusagen unsere Droge bekommen – wird im Gehirn Dopamin ausgeschüttet und das Belohnungssystem aktiviert. Macht sich dagegen der oder die Angebetete rar, bekommen wir etwas Ähnliches wie Entzugserscheinungen.

Da gibt es wirklich erstaunlich viele Parallelen, allerdings mit einer wesentlichen Einschränkung: Eine Drogensucht hört normalerweise nicht von alleine auf. Sich das Rauchen abzugewöhnen ist schwer. Das erste Verliebtsein dagegen endet fast immer irgendwann – und dann erlischt es entweder oder es geht in Liebe über. Auch das hat Helen Fisher gezeigt, dass Verliebtsein und Liebe hirnphysiologisch völlig unterschiedliche Prozesse sind. Das Verliebtsein spielt sich mehr in den älteren archaischen Hirnregionen ab. Bei der Liebe dagegen sind mehr Bereiche des Cortex, der Großhirnrinde, beteiligt, wo bewusste Erinnerungen verarbeitet werden. Das ist nur einer von mehreren Unterschieden, die sich feststellen lassen.

Ein anderer: Beim Verliebtsein ist viel Dopamin im Spiel, bei der dauerhaften Liebe sind es eher Bindungshormone wie Oxytocin. Diese Unterschiede spiegeln auch die Alltagserfahrung. Grob gesagt: Liebe beruht auf Vertrautheit, es ist das Gefühl einer starken Verbundenheit zu jemandem, den wir kennen, mit all seinen Eigentümlichkeiten und Schrullen. Liebe ist ein Gefühl der Zugehörigkeit zwischen zwei Menschen. Verliebtheit ist eine Stufe davor, es ist der dringende Wunsch, jemandem nahe zu sein, näher zu kommen, selbst wenn wir ihn oder sie noch nicht so gut kennen. Das ist natürlich sehr einfach zugespitzt, und letztlich sind „Liebe" und „Verliebtsein" Begriffskonstrukte, von denen jeder eine bestimmte Vorstellung hat, wo es aber sehr viele verschiedene Schattierungen gibt, gerade in Bezug auf den Begriff Liebe.

Und warum hat die Natur es eingerichtet, dass wir uns verlieben?

Das ist die zweite Ebene der Beschreibung, die evolutionäre. Gerade aus dem Unterschied zwischen Liebe und Verliebtsein wird das deutlich. Lieben – diese starke Fühlen von Verbundenheit – setzt eine Vertrautheit, ein Kennen voraus. Dazu müssen wir erstmal jemanden gut kennenlernen. Da wir aber in einer sozialen Gemeinschaft leben und nicht jeden so nah an uns heranlassen können und wollen, weil wir ja auch nicht wissen, wem wir wieweit vertrauen können, halten wir zu den meisten Menschen intuitiv einen gewissen Abstand. Um eine Familie zu gründen und eine Liebesbeziehung einzugehen, müssen wir diesen üblichen Abstand überwinden. Und dazu dient vermutlich das Verliebtsein: Es erzeugt einen so starken Wunsch nach Nähe zu einer ganz bestimmten Person, dass wir die gewöhnlichen Schranken durchbrechen und zu einem bis dahin noch fremden Menschen eine vertraute und irgendwann intime Beziehung eingehen – die dann mit Liebe einhergehen kann.

Also Verliebtsein ist die Illusion, die die Natur uns vorgaukelt, damit wir uns brav paaren und fortpflanzen?
Nicht ganz. Wenn es nur darum ginge, uns fortzupflanzen, müssten wir nicht unbedingt verliebt sein – der reine Spaß am Sex würde völlig reichen. Und die meisten Tiere pflanzen sich auch fort, ohne in romantischen Gefühlen zu schmachten. Das Besondere beim Menschen ist allerdings, dass Babys in einer sehr frühen Phase ihrer Entwicklung auf die Welt kommen, deshalb noch lange auf elterliche Betreuung angewiesen sind, und es deshalb für das Überleben von Vorteil ist, wenn die Mutter, die das Baby zur Welt bringt, einen Partner hat, der sich für das Kind mitverantwortlich fühlt. Und das geht natürlich über die Liebe – die Liebe ist der Kitt, der ein Elternpaar zusammenhält. Aber das Vehikel, dass es sich erst einmal zusammenfindet, scheint eben das Verliebtsein zu sein.

Wie entsteht Homosexualität?

Eine endgültige Erklärung gibt es noch nicht; es sieht so aus, als ob Homosexualität zwar in gewisser Weise angeboren ist, aber trotzdem nicht direkt vererbt wird. Was man auf jeden Fall sagen kann: Sie entsteht weder durch Sozialisierung noch durch Erziehung noch durch „Verführung". Also die Vorstellung, man würde lesbisch, weil man lesbische Pärchen sieht, oder schwul, weil im Unterricht über Schwule geredet wird, ist wissenschaftlich absolut haltlos.

Homosexualität ist, so wie es aussieht, biologisch angelegt. Das heißt aber nicht, dass es so etwas gibt wie „Schwulen-Gene". Nach solchen Genen haben Forscher tatsächlich jahrelang gesucht – aber sie haben nichts gefunden. Bei näherem Nachdenken erscheint das logisch, denn Schwule und Lesben können zwar auch leibliche Kinder bekommen, aber das ist sehr viel weniger als der Anteil von Homosexuellen in der Bevölkerung. Der liegt bei 5–7 Prozent.

Im Moment suchen viele Forscher die Auslöser woanders: nicht direkt in den Genen der Eltern, sondern in der Schwangerschaft. Das heißt, unter bestimmten Umständen werden bestimmte genetische Schalter ein- oder ausgeschaltet. Homosexualität wäre demnach nicht genetisch, sondern *epigenetisch* bedingt. Die Epigenetik untersucht – vereinfacht gesagt – wie Gene aktiviert oder deaktiviert werden.

Es gibt mehrere Vermutungen, wie man sich das vorstellen kann. Eine geht so: Vor Jahren ist aufgefallen, dass die Wahrscheinlichkeit, dass schwule Männer häufiger als der Durchschnitt mindestens einen älteren Bruder haben – auch wenn dieser Bruder ganz woanders aufgewachsen ist.

Ende 2017 haben Forscher nun anhand von Blutuntersuchungen bei den Müttern eine mögliche Erklärung dafür gefunden: Männliche Embryos lösen bei der Mutter eine bestimmte Immunreaktion aus. Durch diese Schwangerschaft bildet der mütterliche Körper Antikörper. Bei einer zweiten Schwangerschaft wirken diese Antikörper auf den jüngeren Bruder ein, genauer: auf die Schalter in dessen Gehirn, die später die sexuelle Orientierung festlegen.

Allerdings ist klar, dass dieser Mechanismus Homosexualität nicht alleine erklären kann. Schließlich hat nicht jeder Schwule einen älteren Bruder. Es muss also noch andere Ursachen geben.

Es gibt noch einen weiteren – ebenfalls epigenetischen – Erklärungsansatz. Ihm liegt die Erkenntnis zugrunde, dass auch epigenetische Informationen – also die Aktivitätszustände von Genen – unter bestimmten Umständen vererbt werden können. Wenn nun die sexuelle Präferenz für Frauen oder Männer eine epigenetisch bedingte Eigenschaft ist, ist es denkbar, dass sie auch vererbt wird.

So könnte es einen Mechanismus geben, der dafür sorgt, dass in bestimmten Fällen ein Vater seine sexuelle Präferenz für Frauen an seine werdende Tochter weitergibt, sodass diese lesbisch wird, und dass umgekehrt schwule Männer die sexuelle Präferenz für Männer von ihrer Mutter geerbt haben.

Die Wissenschaftler, die diese Theorie aufgestellt haben, haben dabei mehrere Erkenntnisbausteine zusammengesetzt. Dazu gehört, dass das, was wir als „Geschlecht" bezeichnen, sich aus mehreren Komponenten zusammensetzt. Es gibt die rein körperlichen Geschlechtsmerkmale, es gibt das soziale Geschlecht – das sich auch im Verhalten ausdrückt – und es gibt die sexuelle Präferenz. Der „Standardfall" ist: In einem männlichen Körper wohnt ein männlicher Geist mit einer sexuellen Lust auf Frauen. Aber manchmal kommt es zu einer anderen Kombination. Deshalb gibt es ja zum Beispiel Transsexuelle, die das Gefühl haben, im falschen Körper zu leben. Homosexuelle wiederum haben sexuelle Präferenzen, die sich von denen ihrer heterosexuellen Geschlechtsgenossen unterscheiden.

Das ist der erste Erkenntnis-Baustein der Theorie: Geschlechtsidentität setzt sich aus mehreren Komponenten zusammen. Zwar wird meist zusammen mit dem „männlichen" Y-Chromosom eine sexuelle Präferenz für Frauen vererbt – aber offenbar nicht immer. Und umgekehrt auch nicht.

Der zweite Baustein für die Theorie betrifft die Art, wie sich das Geschlecht bei einem Embryo entwickelt. Es ist nämlich nicht so, dass die Natur einfach nur schaut, ob er ein Y-Chromosom hat, und sich die gesamte Männlichkeit dann daraus ergibt. Sondern das Y-Chromosom stellt – im Fall des Mannes – nur die Weichen. Dann kommen aber vor allem die Hormone ins Spiel, zum Beispiel Testosteron. Das geschieht schon im Mutterleib. Die geschlechtsspezifischen Gene bauen also nicht den männlichen oder weiblichen Körper zusammen, sondern sie stellen vor allem bestimmte Schalter im Körper so, dass sich unter dem Einfluss von Hormonen die einen Embryonen zu männlichen, die anderen zu weiblichen Babys entwickeln.

Und damit sind wir beim dritten Baustein der Theorie, eben den genannten Schaltern. Es handelt sich um Schalter, die darüber entscheiden, ob bestimmte Gene aktiv oder inaktiv sind. Und somit auch darüber, welche Merkmale ein Embryo unter dem Einfluss entsprechender Hormone ausbildet. Normalerweise werden diese Schalterzustände nicht vererbt, in einigen Fällen aber eben doch.

Hier setzt jetzt die genannte Theorie zur Entstehung der Homosexualität an. Sie sagt: Homosexualität entsteht dann, wenn ein heterosexueller Vater an seine Tochter genau den Schalterzustand vererbt, der im Gehirn des Embryos eine sexuelle Vorliebe für Frauen anlegt. Dann entwickelt sich die Tochter zur Lesbe. Umgekehrt kann eine Mutter ihrem Sohn in seltenen Fällen ihre sexuelle Vorliebe für Männer mitgeben – sodass dieser Sohn schwul wird.

Es gibt also verschiedene Ansätze, die davon ausgehen, dass die Weichen epigenetisch in der Schwangerschaft gestellt werden.

Warum vertauscht ein Spiegel rechts und links, aber nicht oben und unten?

Ja, seltsam, oder? Wenn wir in den Spiegel gucken, sehen wir uns nie so, wie die anderen uns sehen, sondern eben spiegelverkehrt. Habe ich einen rechten Scheitel, hat mein Spiegelbild einen linken Scheitel. Und wenn ich die rechte Hand bewege, bewegt mein Spiegelbild seine linke Hand. Trotzdem: Der Kopf bleibt oben und die Füße sind unten. Das ist ja an sich auch viel praktischer so als wenn wir wirklich auf dem Kopf stehen würden.

Für uns ist das so selbstverständlich, dass wir normalerweise über diese Merkwürdigkeit nicht weiter nachdenken. Sie tritt nur zutage, wenn wir sie deutlich aussprechen. Aussprechen? – Moment! Wenn diese Merkwürdigkeit nur auffällt, sobald wir sie formulieren, hat sie vielleicht etwas mit der Sprache zu tun? Tatsächlich handelt es sich um eine „sprachliche Täuschung". Sie beruht nämlich auf einem doppeldeutigen Umgang mit den Wörtern „links" und „rechts".

Klar ist: Wenn ich vor dem Spiegel stehe und mit meiner rechten Hand etwas mache, dann passiert das auch im Spiegel auf der rechten Seite – wohlgemerkt: des Spiegels! Was ich mit der linken Hand mache, passiert auf der linken Seite, was ich mit dem Kopf mache, passiert oben und was ich mit den Füßen mache, passiert unten. So gesehen, „vertauscht" der Spiegel erstmal gar nichts. Erst wenn wir uns unser imaginäres Gegenüber als eine reale Person vorstellen und uns in sie hineinversetzen, wird meine rechte Hand zu seiner scheinbaren „linken" Hand – auch wenn ich sie rechts im Spiegel sehe. Das meine ich mit Doppeldeutigkeit: Im einen Fall beziehen wir „rechts" und „links" auf die Perspektive des Betrachters, im anderen Fall auf die „innere Perspektive" der Person, die wir im Spiegel sehen.

Das funktioniert nur deshalb, weil wir einen einigermaßen symmetrischen Körperbau haben – also eine Längsachse. Unsere linke Körperseite ist ein ungefähres Spiegelbild der rechten –, aber unsere obere Körperhälfte ist zum Glück kein Spiegelbild der unteren. Deshalb kann der Spiegel zwar scheinbar aus der rechten Hand eine virtuelle linke Hand des Spiegelbilds machen, aber er kann nicht einmal scheinbar oben und unten vertauschen.

In Wahrheit „vertauscht" der Spiegel in dem Sinn weder „links" und „rechts" noch „oben" und „unten" – denn jeder Körperteil findet sich auf der entsprechenden Seite des Spiegels, mit einem Unterschied: Das Spiegelbild schaut in die entgegengesetzte Richtung. Wenn also der Spiegel etwas „vertauscht", dann schlicht und einfach „vorne" und „hinten".

Sieht für andere Menschen die Farbe „Rot" genauso aus wie für mich?

Überhaupt nicht! Es ist sogar wahrscheinlich, dass Menschen Dinge tatsächlich unterschiedlich wahrnehmen, selbst Farben. Darauf deuten schon Phänomen wie Farbenblindheit hin: Manche Leute können rot und grün nicht unterscheiden – in diesem Fall ist offensichtlich, dass sie diese Farben anders wahrnehmen als Menschen, die damit keine Probleme haben. Jetzt könnte man sagen: Das ist eine Ausnahme, Farbenblindheit ist ja etwas „Unnormales", diesen Menschen fehlen bestimmte Farbrezeptoren. Aber da sind wir schnell bei der Frage: Was ist „normal"?

Selbst im „Normalbereich" gibt es kleine Unterschiede. Ein kleiner Test, den jeder mal machen kann: Das Zimmer abdunkeln, sodass relativ wenig Licht hineinscheint. Und dann schließen Sie abwechselnd das linke und das rechte Auge. Bei vielen Menschen ist ein Auge lichtempfindlicher als das andere. Oft kommt es auch vor, dass ein Auge die Welt gerade bei schwachem Licht etwas farbkräftiger wahrnimmt, das andere etwas blasser. Oder dass die Welt in einem Auge etwas rotstichiger erscheint.

Angesichts solcher Phänomene stellt sich die Frage: Wenn es schon zwischen dem linken und dem rechten Auge kleine Unterschiede gibt, wie groß können dann die Unterschiede zwischen zwei Menschen sein? Das erlebe ich auch zu Hause: Wenn meine Frau und ich über einen blaugrünen oder türkisfarbenen Gegenstand reden, kommt es vor, dass sie den Gegenstand eher als blau bezeichnet, während er für mich im Zweifel eher grün aussieht.

Und was sich bei uns im Kleinen zeigt, gibt es ebenso im Großen. Das haben kulturvergleichende Studien gezeigt. Welcher Farbton ist noch „blau", was ist schon „lila", wo hört „gelb" auf und wo fängt „orange" oder „rot" an? Diese Grenzen werden in verschiedenen Kulturen unterschiedlich gezogen. Es gibt sogar Sprachen, die zwischen Blau und Grün begrifflich nicht unterscheiden. Woraus man folgern kann, dass sie sie auch nicht als eigenständige Farbtöne wahrnehmen.

Oder denken Sie an der Phänomen der Synästhesie: Manche Menschen sehen Zahlen oder Wörter farbig, obwohl gar keine Farben da sind. Aber ihr Gehirn konstruiert diese Farben zu anderen Sinneswahrnehmungen dazu. Das alles gibt es. Insofern spricht vom Biologischen her vieles dafür, dass Menschen Farben sehr unterschiedlich wahrnehmen.

Letztlich ist das ja auch eine philosophische Frage: Woher kann man überhaupt wissen, was ein anderer Mensch denkt oder fühlt oder wahrnimmt?

Das ist neben der biologischen Dimension die erkenntnistheoretische Dimension dieser Frage: Könnte es nicht sein, dass zum Beispiel bei zwei Menschen – Ihnen und mir – die Farben Rot und Grün vertauscht sind? Dass Sie die Farbe Rot so wahrnehmen, wie ich die Farbe Grün wahrnehme und umgekehrt? Und dass wir das einfach nicht merken, weil wir für die gleichen Gegenstände und ihre Farben nach wie vor die gleichen Wörter benutzen?

Diese Frage ist philosophisch durchaus berechtigt und letztlich nicht beantwortbar. Weil wir über unmittelbare Wahrnehmungseindrücke reden, die wir mit Wörtern letztlich nicht eindeutig beschreiben können. Und solange aus einer unterschiedlichen sinnlichen Wahrnehmung kein unterschiedliches Handeln folgt, können wir über das Innenleben eines anderen Menschen nichts sagen. Es wäre zwar plausibel anzunehmen, dass die Natur die Menschen so ausgestattet hat, dass wir ähnliche Dinge ähnlich wahrnehmen, aber wissen können wir das nicht.

Rein theoretisch könnte es ja sogar sein, dass außer Ihnen oder mir überhaupt niemand irgendetwas wahrnimmt, dass alle anderen Menschen zwar den Eindruck erwecken, als seien sie denkende und fühlende Wesen, in Wirklichkeit sind es allerdings nur Zombies oder von Außerirdischen geschickt programmierte Roboter. Es spricht zwar sehr vieles dagegen, dass es so ist, aber – wer weiß?

Wie viel Gigabyte Information kann das Gehirn speichern?

Das lässt sich kaum abschätzen. Man kann allenfalls eine untere Grenze angeben, die vielleicht bei 1 Terabyte (= 1 Billion Byte oder 8 Billionen Bit) ansetzt, aber auch diese Angabe ist im Grunde eine ziemlich willkürliche Schätzung. Das Problem ist, dass das Gehirn Information deutlich anders verarbeitet als ein Computer.

Erster Unterschied: Computer und Festplatten werden von Menschen gebaut, die einen Plan haben und wissen, wie viele Schaltkreise sie verbauen und somit auch, wie viel Speicherkapazität das Gerät am Ende hat. Gehirne dagegen werden nicht gebaut, sondern sie wachsen organisch.

Zweiter Unterschied: Die Computer funktionieren streng digital und die Elementarbausteine arbeiten binär, das heißt nach dem Prinzip 0 oder 1: Strom fließt oder Strom fließt nicht. Beim Gehirn ist das viel komplizierter. Das Gehirn besteht größenordnungsmäßig aus 100 Milliarden bis einer Billion Nervenzellen, aber die Information steckt nicht in den einzelnen Zellen, sondern in den Synapsen, also in den Verbindungen zwischen den Nervenzellen. Man sagt, dass jede einzelne Gehirnzelle im Schnitt 1000–10 000 Verbindungen zu anderen Nervenzellen hat. So kommt man auf mindestens 100 Billionen Synapsen.

Das kann man jetzt aber nicht mit 100 Billionen Bit gleichsetzen, denn anders als bei Computerschaltkreisen gilt hier nicht das Prinzip: „Strom fließt oder fließt nicht“ bzw. „Nervenzelle feuert oder feuert nicht“. Vielmehr ist hier die Aktivität abgestuft; die Nervenzellen können in verschiedenen Intensitäten feuern. Man kann das also nicht so einfach in „Nullen“ und „Einsen“ umrechnen.

Das nächste Problem: Nicht jede Aktivität im Gehirn bedeutet, dass Information *gespeichert* wird – ein Großteil der Aktivität dient ja einfach nur dazu, Reize zu filtern, zu verarbeiten. Technisch gesprochen kann man sagen: Anders als beim Computer ist beim Gehirn nicht so klar, wie viel Leistung in den „Prozessor“ geht – also in die Verarbeitung von Information – und wie viel in die Informationsspeicherung. Schließlich verarbeiten wir eine Menge Information, die wir gleich wieder vergessen, die also nicht mal im Kurzzeitgedächtnis ankommt.

Ganz abgesehen davon können die Hirnforscher immer noch nicht sagen, wie das Gedächtnis genau arbeitet, was genau im Gehirn passiert, wenn ich ein Gesicht erkenne oder mir wieder einfällt, wie die Hauptstadt von Botswana heißt. Wird da einfach eine bestimmte Menge von Synapsen aktiv oder liegen

Gedächtnisinhalte auch in Form chemischer Verbindungen vor? Und auf wie viel Informationen greife ich wirklich zurück, wenn mir die Antwort auf eine Frage einfällt? Das alles ist noch so wenig erforscht, dass es vermessen wäre, dem Gehirn eine bestimmte Speicherkapazität zuzuschreiben.

Wie entsteht ein Déjà-vu-Erlebnis?

Umgangssprachlich beschreibt ein Déjà-vu mehrere Phänomene. Zum einen spricht man davon, wenn einem einfach irgendetwas bekannt vorkommt, man zum Beispiel bestimmte Konflikte immer wieder erlebt. In einem engeren Sinn bezeichnet eine Déjà-vu-Erfahrungen das Gefühl: „Das hab ich doch schon mal gesehen", obwohl man weiß, dass das gar nicht sein kann. Man läuft durch eine Gegend und hat plötzlich das Gefühl: Hier war ich doch schon mal?

Jetzt gibt es zwei Arten, dieses Phänomen zu erklären – man kann es spirituell-esoterisch angehen und sich auf übersinnliche Erfahrungen berufen. Oder auf Erinnerungen aus einem früheren Leben. Man kann sich viele solche Erklärungen ausdenken, sie lassen sich allerdings schlecht überprüfen. Alternativ kann man versuchen, das Phänomen naturwissenschaftlich zu verstehen, zu fragen: Wie kann das Gehirn eine solche Illusion hervorrufen?

Versuchen wir es also so herum: Was passiert überhaupt im Gehirn, wenn wir etwas unter normalen Umständen wiedererkennen? Denn darum geht es ja: Um das Gefühl des „Wiedererkennens". Das können Hirnforscher ganz gut erklären. Etwas wiederzuerkennen besteht aus drei Schritten:

- Wir erleben (sehen, hören, riechen …) irgendetwas.
- Parallel ruft unser Gehirn die neuen Eindrücke mit Erinnerungen aus der Vergangenheit ab.
- Wenn es Übereinstimmungen findet, gibt es das Signal: „Kenne ich schon".

Man könnte nun ein Déjà-vu so erklären, dass sich der dritte Schritt gelegentlich verselbstständigt hat, das heißt, dass das Gehirn die Meldung „Kenne ich schon" abfeuert, ohne dass es einen Anlass dafür gibt. Es gibt Hinweise, dass genau das eine Ursache sein kann, denn von Déjà-vu-Erlebnissen berichten vor allem Menschen mit Epilepsie besonders häufig. Bei einem epileptischen Anfall kommt es ja, simpel gesagt, zu einer Art Kurzschluss im Gehirn. Zum Teil sind bei einem solchen Anfall die gleichen Hirnregionen beteiligt wie die, die dafür zuständig sind, Gedächtnisinhalte zu bewerten. Das ist eine mögliche Erklärung: Im Gehirn kommt es zu einem Kurzschluss, der die Erinnerungs-Bewertungs-Instanzen so aktiviert, dass sie ohne echten Anlass ein „Habe ich schon mal gesehen"-Signal feuern. Und wir denken: „Déjà-vu!"

Eine andere mögliche Erklärung ist, dass wir unbewusst bestimmte Erfahrungen tatsächlich schon gemacht haben oder antizipieren. Ich mache mit jemandem einen Spaziergang über eine hügelige Landschaft, von einem Hügel sehe ich bis ins übernächste Tal, nehme das aber nicht bewusst wahr, weil ich gerade in das Gespräch vertieft bin. Unbewusst macht sich allerdings mein

Gehirn schon einen Eindruck, wie es in diesem Tal wohl aussieht, und wenn ich es dann auf dem nächsten Hügel erneut sehe, kommt es mir vertraut vor.

Das ist jetzt eine sehr konstruierte Situation. Sie soll auch nur veranschaulichen, wie man sich so ein unbewusstes Antizipieren vorstellen kann. Dass unbewusste Wahrnehmungen eine Rolle spielen können, ergibt sich aber auch aus anderen Befunden. Zum Beispiel ist es möglich ist, Menschen unter Hypnose mit Erfahrungen zu konfrontieren, an die sie sich zwar hinterher eigentlich nicht erinnern können, die sie aber, wenn sie sie wieder machen, als Déjà-vu erleben.

Diese verschiedenen Ansätze, um Déjà-vus zu erklären, sind alle sehr spekulativ – eine hieb- und stichfeste Erklärung gibt es noch nicht.

Wie entwickelt sich Humor bei Kindern?

Entwicklungspsychologen konnten zeigen: Das geht schon im ersten Lebensjahr los. Wobei man genau hingucken muss; lacht ein Baby, wenn man es kitzelt – und das tut es schon mit 4 Monaten –, ist das wirklich schon Humor? Oder nur ein Reflex oder einfach soziales Lachen? Das ist nicht so ganz klar. Doch es gibt bereits im frühen Alter Situationen, die eindeutiger sind. Eltern kennen das, wenn sie zum Beispiel gegenüber ihren Kleinkindern eine pseudo-fiese Grimasse ziehen oder sie sie zum Schein durchs Zimmer jagen.

Das finden Kinder in der Regel ja auch schon lustig – denn solange es die eigenen Eltern sind, erkennen sie: Die wollen mir jetzt nicht wirklich etwas Böses, sondern das ist nur Spaß. Zieht dagegen ein Fremder eine fiese Grimasse, macht ihnen das eher Angst. Und das deutet auch auf die soziale Bedeutung von Humor hin. Gemeinsames Lachen verbindet. Hier konnten Forscher zeigen, dass diese Art von Humor tatsächlich schon im Säuglingsalter beginnen kann, bei etwa 6–8 Monaten.

Dabei kommt es aber sehr darauf an, was sie an Humor bei ihren Eltern beobachten. Das heißt, sie lernen Humor am Anfang vor allem durch Nachahmung: Sie machen die Erfahrung, dass Eltern in bestimmten Situationen lachen. Oder die Augen aufreißen und so tun, als würden sie dem Kind die Rassel wegnehmen wollen, wo offensichtlich ist: Sie wollen es nicht wirklich, sie machen nur einen Spaß.

Humor ist insofern eine vielschichtige Angelegenheit, auch bei Kindern. Es gibt viele Arten von Humor, aber wenn man einen gemeinsamen Nenner sucht, dann ist es vielleicht der: Humor bricht immer mit irgendeiner Form von Erwartung. Psychologen nennen das das „Inkongruenzprinzip“. Das gilt für den Slapstick-Humor bis zum Sprachwitz. Ob sich das Kind einen Topf über den Kopf zieht und damit lachend durchs Zimmer läuft oder ob es, wenn es ein bisschen älter ist, ein Wortspiel macht oder eine ironische Bemerkung – jede humorvolle Situation beinhaltet irgendeinen Bruch mit Erwartungen, irgendwas fällt aus dem Rahmen.

Kinder können sich zum Beispiel königlich darüber amüsieren, wenn sie mit kleinen Tabus brechen – also zum Beispiel „böse“ Wörter wie „Kacka“ in den Mund nehmen oder die Eltern sonstwie veralbern. Und dieses Brechen von Erwartungen, das Umdeuten eines Kontexts, ist eine kognitive Leistung, die ein Kind erstmal lernen muss.

Auf einer kognitiven Ebene bedeutet „Humor haben“ zu verstehen, dass eine Handlung auch mal nicht ernst gemeint ist. Das ist ja das Wesen der Ironie: Ich sage etwas, meine aber das Gegenteil – und das zu verstehen, ist eine Voraussetzung von Humor. Sofern es sich um sprachliche Äußerungen handelt, können Kinder das etwa im Alter von 2–3 Jahren lernen. Aber, wie gesagt, andere Formen von Humor, bei denen es einfach darum geht, unernste Situationen als solche zu erkennen, das geht schon im 1. Lebensjahr los. Und so verfeinert und erweitert sich der Humor im Lauf der weiteren Entwicklung.

Was passiert beim Schlafwandeln im Gehirn?

Die Hirnforschung hat in den letzten Jahren ein paar interessante Dinge über das Schlafwandeln herausgefunden. Zum einen: Schlafwandeln ist kein „gelebter Traum". Es gibt im Schlaf ja die Tiefschlaf- und die REM-Phasen (Rapid Eye Movement), wenn sich die Augen schnell bewegen. In der REM-Phase träumen wir, aber: Schlafwandeln passiert in der Tiefschlafphase oder allenfalls im Übergang vom Tiefschlaf zum Aufwachen. Nur deshalb ist Schlafwandeln überhaupt möglich. Wenn wir träumen, sind fast alle Muskeln (bis auf die Augenmuskeln) gelähmt. Dadurch verhindert der Körper, dass wir Traumbewegungen in der Wirklichkeit umsetzen. In der Tiefschlafphase dagegen sind die Muskeln nicht gelähmt – deshalb können Leute dann auch aufstehen und schlafwandeln.

Aber wodurch wird das Schlafwandeln ausgelöst?

Schlafforscher haben ein paar Auffälligkeiten im Gehirn von Schlafwandlern beobachtet. Schließt man Menschen an ein EEG an und misst die Hirnströme, dann ist der normale Tiefschlaf durch sogenannte „Deltawellen" geprägt. Das sind gleichmäßige langsame Frequenzen. Bei Schlafwandlern werden diese Deltawellen etwas unruhig, und es mischen sich schnelle Frequenzen dazwischen. Einfach gesagt, geraten die Gehirnströme etwas aus dem Takt. Zweite Auffälligkeit: Es gibt einige Regionen im Inneren des Gehirns, die im Tiefschlaf normalerweise nicht benötigt werden und deshalb relativ wenig aktiv sind. Dazu gehört auch der Thalamus, der bei der Verarbeitung von äußeren Reizen eine wichtige Rolle spielt. Und bei Schlafwandlern ist der eben doch aktiv.

Diese Befunde kann man etwa so deuten, dass Schlafwandeln ein Phänomen an der Grenze zwischen Tiefschlaf und Wachbewusstsein ist. Man kann es als ein unvollständiges Aufwachen interpretieren. Und tatsächlich verhalten sich die Betroffenen oberflächlich, als wären sie wach. Meist fängt es damit an, dass sie sich im Bett aufrichten. Sie können sinnvolle Sätze sagen. Sie können zum Kühlschrank gehen und sich etwas zu essen machen. Oder das Haus verlassen, was ja auch gefährlich sein kann. Bei Menschen, die gefährdet sind, ist es deshalb durchaus sinnvoll, Haus- und vor allem Balkontüren abzuschließen und den Schlüssel zu verstecken.

Nach Angaben des Max-Planck-Instituts für Psychiatrie tritt das Phänomen am häufigsten bei Kindern zwischen dem 4. und 8. Lebensjahr auf, gar nicht so oft im Erwachsenenalter. Aber etwa jedes sechste Kind, heißt es, ist bis zum Alter von 8 Jahren wenigstens einmal geschlafwandelt. Möglicherweise hängt das damit zusammen, dass sich in dieser Phase das Gehirn noch stark entwickelt.

Es gibt ja auch andere, schwächere Varianten von Schlafstörungen, die ähnliche Ursachen haben. Das bekannteste ist das Zähneknirschen, manche Leute schlagen um sich oder schrecken nachts auf und schreien. Das sind alles Schlafstörungen an dieser Grenze zwischen Schlafen und Wachsein, die Schlafforscher als „Parasomnien" bezeichnen. Und wenn es da gefährliche Formen annimmt, sollte man wirklich einen Arzt aufsuchen.

Warum bekommt man dunkle Augenränder, wenn man zu wenig schläft?

Die Haut unterhalb der Augen ist ziemlich dünn – und direkt darunter verlaufen Blutgefäße. Wenn wir schlecht geschlafen haben, ist die Haut insgesamt oft schlechter durchblutet. Dadurch sind wir blasser. Unterm Auge wiederum macht die mangelnde Durchblutung die Haut noch transparenter. Deshalb schimmern dann die dunklen Blutgefäße umso auffallender durch.

Was passiert beim Niesen im Körper?

Niesen ist explosives Atmen – physiologisch gesehen. Es sind die gleichen Körperpartien beteiligt wie beim normalen Atmen: das Zwerchfell, die Atemmuskeln in Bauch und Brust. Zwischen Atmen und Niesen gibt es allerdings zwei entscheidende Unterschiede: Das Atmen können wir zumindest teilweise kontrollieren und die Luft vorübergehend anhalten – beim Niesen geht das kaum; es ist ein Reflex.

Zweiter Unterschied: Die normale Atmung ist ruhig, das Niesen geschieht explosionsartig.

Im Körper passiert dabei Folgendes: Zunächst empfangen die Nervenzellen in der Nasenschleimhaut einen Reiz. Das können Allergene sein, Pollen, Katzenhaare, die Exkremente von Hausstaubmilben. Die Schleimhaut kann durch eine Erkältung gereizt sein oder auch einfach durch Sonnenlicht; manche Menschen müssen ja niesen, wenn sie in die Sonne gucken – ein Phänomen, auf das ich in der nächsten Antwort noch genauer eingehe.

Die Nerven leiten diese Reizinformation dann ins Gehirn weiter. Im Übergang vom Hirnstamm zum Rückenmark befindet sich ein Areal, von dem vermutet wird, dass es die Niessteuerung übernimmt – deshalb bezeichnet man es auch als „Nieszentrum". Und das gibt dann seine Kommandos.

Erstes Kommando: Einatmen! Meist denken wir beim Niesen nur an das große „Hatschi!" – aber dem geht immer ein kräftiges Einatmen voraus. Dabei wird zugleich ein Druck aufgebaut. Als nächstes folgt ein Kommando an die Ausatemmuskeln. Die ziehen sich dann schlagartig zusammen und katapultieren die eingeatmete Luft nach draußen – und zwar mit orkanartigen Geschwindigkeiten von bis zu 160 km/h.

Warum müssen manche Menschen niesen, wenn sie in die Sonne schauen?

Photischer Niesreflex heißt diese Eigenschaft in der Fachsprache. Nur eine Minderheit – etwa ein Viertel aller Menschen – ist davon betroffen. Ob man dazugehört, ist offenbar sehr stark genetisch bedingt. Kürzlich haben US-Forscher gezeigt, dass zwei Genvarianten darüber entscheiden, ob man ein Sonnen-Nieser ist oder nicht.

Insofern verhält es sich damit ähnlich wie mit der Fähigkeit, den typischen Spargelgeruch im Urin zu riechen – auch dafür sind bestimmte Gene notwendig. Hat man die nicht, riecht der Urin nach einem Spargelessen nicht anders als sonst. Das Sonnen-Niesen scheint ebenfalls so eine Eigenschaft zu sein, die man, genetisch bedingt, entweder hat oder nicht.

Nehmen wir an, Sie haben dieses Gen und sind „Sonnen-Nieser". Was passiert nun genau in der Nase, wenn Sie in die Sonne gucken? – Ganz genau ist das nicht geklärt, aber die vorherrschende Lehrmeinung ist, dass bei diesen Menschen zwei Nerven sehr nah beieinander verlaufen, nämlich der Sehnerv und der Trigeminus – der „Drillingsnerv".

Dieser Drillingsnerv hat mehrere Äste. Einer davon führt zum Augapfel. Ein zweiter führt zum Oberkiefer und spielt beim Niesen eine wichtige Rolle. Eine Hypothese sagt, dass es bei Sonnen-Niesern zu einer Art Kurzschluss kommt: Werden die Augennerven durch Sonnenlicht stark gereizt, springen Signale vom Augapfelast auf den Oberkieferast des Trigeminus über, dies wiederum könnte den Niesreflex auslösen.

Eine andere Möglichkeit ist, dass Sonnen-Nieser per se lichtempfindlicher sind – auch dafür gibt es Hinweise. Auf jeden Fall tritt der Reflex fast immer nur dann auf, wenn die Betroffenen relativ unvermittelt starkem Licht ausgesetzt sind – sobald das Auge reagiert, sich anpasst und zum Beispiel die Pupille sich verengt, hört das Niesen wieder auf.

Gefährlich ist das übrigens normalerweise nicht. Es ist eher eine harmlose genetische Anomalie. Eine Gefahr kann es allenfalls etwa für Kampfpiloten bedeuten; für die könnte ein solcher Reflex zumindest problematisch sein. Normale Piloten dagegen schauen selten spontan in die Sonne und fliegen in der Regel auch keine Manöver, bei denen ein kurzes Niesen gefährlich sein könnte.

Was geht bei einem Tinnitus im Ohr vor?

Hinter einem Tinnitus steckt meist eine Störung im Innenohr. Hören beruht ja darauf, dass von außen Schallwellen in unser Ohr gelangen. Was aber im Gehirn ankommt, sind keine Schallwellen, sondern elektrische Nervensignale. Irgendwo müssen also die Schallwellen in Nervensignale übersetzt werden, und genau das passiert im Innenohr. Dafür sind die Hörsinneszellen zuständig: Sie verwandeln akustischen Schall – also letztlich Luftbewegungen – in ein elektrisches Signal. So wie ein Telefonhörer: Der verwandelt ebenfalls Schallwellen in elektrische Wellen, um sie dann durch die Telefonleitung weiterzuleiten.

Auch wenn es im Ohr anders aussieht als in einem Telefonhörer – das Prinzip ist ähnlich. Nur kann es bei dieser Übersetzung eben zu Fehlern kommen. Und wenn es an dieser Schnittstelle zwischen Schall und „Elektrik" auch nur zu kleinen Störungen kommt, kann es passieren, dass sich die Signale verselbstständigen. Dann können zum Beispiel die Nervenzellen einfach losfeuern, ohne dass es ein akustisches Eingangssignal gab. Und dann kommt im Gehirn ein „Ton" an, den das Innenohr selbst erzeugt hat.

Es gibt aber neben dem Innenohr noch eine zweite Schnittstelle, nämlich im Gehirn selbst. Um einen Höreindruck zu bekommen, muss das Gehirn ja die eingehenden elektrischen Nervensignale *interpretieren*, das heißt einen bestimmten Wahrnehmungseindruck erzeugen. Auch das ist eine Art „Übersetzung". Das Gehirn sagt: Wenn die und die Hörnerven feuern, dann interpretiere ich das für mich als Klingeln, Rasseln, Summen oder Rauschen. An dieser zweiten Schnittstelle kann es ebenfalls Störungen geben, sodass das Gehirn eingehende Signale plötzlich überinterpretiert und sozusagen einen Höreindruck aus dem Nichts erzeugt.

Warum sollte es das tun?

Ein Grund könnte ein Hörschaden sein. Beispiel: Jemand hat zu laut Musik gehört und damit seine Hörsinneszellen geschädigt. Das Gehirn stellt nun fest: Bestimmte Töne oder Frequenzen kommen gar nicht mehr bei mir an – oder nur viel schwächer als sonst. Dann versucht es manchmal, das auszugleichen, und interpretiert in die schwachen Signale etwas hinein, was gar nicht da ist.

Es dreht sozusagen ein bisschen seinen inneren Verstärker auf und lässt Höreindrücke entstehen, die keinen Bezug haben zu irgendwelchen äußeren Schallquellen. Das ist der seltenere Fall – aber der unangenehmere, denn wenn das Gehirn selbst diese Störungen erzeugt, handelt es sich meist um einen chronischen Tinnitus. Die Störungen im Innenohr dagegen – bei der Übersetzung von Schall in Nervenimpulse – gehen meist nach einer Weile wieder weg.

Wie entsteht ein Ohrwurm?

Am besten nähert man sich der Antwort, wenn man fragt: *Wann* entsteht er? Ein Ohrwurm ist ein Lied, das wir dauernd unwillkürlich in unserem Kopf neu produzieren, ohne dass wir das bewusst steuern. Bildlich gesprochen ist es so, als sei da ein Lied in uns, das irgendwie „raus will". Wir horchen in uns hinein und hören etwas, was uns vielleicht sogar animiert, mitzusummen oder mitzusingen. Das ist für mich übrigens einer der starken Belege dafür, dass die Musik ganz tief in der Natur des Menschen verwurzelt ist. Dass wir – sehr oft – gerade dann, wenn es um uns herum still ist, dieses akustische Vakuum im eigenen Kopf mit Musik füllen. Mit Melodien, die uns gerade in den Kopf kommen, und dabei eben auch mit Ohrwürmern.

Forscher haben gezeigt, dass Ohrwürmer meist in einer eher reizarmen Umgebung bzw. Situation entstehen. Das muss keine Stille sein, es reicht, wenn um uns herum gerade nicht viel Spannendes passiert. Bügeln, Kochen, Autofahren, Gartenarbeit, Spazierengehen – Routinetätigkeiten also, die uns nicht viel Konzentration abverlangen. Gleichzeitig hat man herausgefunden: Leute, die viel Musik hören, haben auch viele Ohrwürmer. Wer sich also zur Musik hingezogen fühlt, ist offenbar anfälliger.

Die Musikwissenschaftler Jan Hemming von der Universität Kassel hat mal untersucht, was einen typischen Ohrwurm auszeichnet. Dabei hat er Folgendes herausgefunden:

- Es handelt sich oft um Stücke, die die jeweilige Person mit einer Erinnerung verbindet. Das muss nicht unbedingt eine Erinnerung an eine konkrete Situation sein; manchmal verknüpfen wir ja auch bestimmte Stücke mit einer ganz bestimmten Stimmung oder Lebensphase.
- Es muss – auch das ist interessant – nicht immer Musik sein, die einem persönlich gefällt.

Was die formalen Eigenschaften betrifft, gibt es zwar keine „Ohrwurm-Formel", aber durchaus ein paar Voraussetzungen, die das Ohrwurm-Potenzial erhöhen. Dazu gehört:

- Text! Gesungene Lieder haben höhere Chancen zum Ohrwurm zu werden als reine Instrumentalstücke.
- Eine eingängige Melodie – idealerweise eine, die im weitesten Sinn „schleifenfähig" ist, also wo man am Ende an einem Punkt landet, der geradezu zu einem Da Capo einlädt, sodass der Kopf es leicht hat, die Melodie wieder von vorne beginnen zu lassen.

- Eine einfache rhythmische Struktur – also alles, wozu man sich gut im Rhythmus bewegen kann, ist gut. Gegenbeispiele wäre temporeicher Free Jazz. Oder eine Mahler-Symphonie. Die hat zwar auch eingängige Melodien, aber sie führen meist weder zu einer Schleife, noch laden sie dazu ein, sich rhythmisch zu bewegen. Deshalb haben die eher geringes Ohrwurmpotenzial. Generell sagt Hemming auch: Ein echtes Rezept gibt es nicht; man kann ein paar Voraussetzungen schaffen, letztlich aber haben Ohrwürmer sehr viel mehr mit der einzelnen Person zu tun als mit der Struktur der Musik.

Warum gibt es Ohrwürmer überhaupt?
Das ist relativ schlecht erforscht, man kann darüber nur spekulieren: Das Gehirn ist oft aktiv, selbst wenn wir es nicht bewusst steuern – es produziert nachts Träume und tagsüber kommen uns manchmal alle möglichen Erinnerungen in den Sinn. Nun sind Ohrwürmer ja eine Art akustische Erinnerung. Man weiß auch, dass Menschen mit starken Hörbeeinträchtigungen ebenfalls Ohrwürmer erleben. Aber was im Gehirn vorgeht, wenn es Ohrwürmer produziert, ist noch kaum erforscht. Es hat zum Beispiel noch niemand mit einem Hirnscanner beobachtet, was im Gehirn passiert, wenn jemand sich gerade einen Ohrwurm „einfängt“. Deshalb, sagt Jan Hemming, weiß man auch nicht, wie und wo er im Kopf entsteht.

Warum nimmt der Haarwuchs vor allem an Ohren und Nase im Alter zu?

Das Thema betrifft vor allem Männer. Viele wundern sich, dass einerseits auf dem Kopf die Haarpracht schwindet, der Haarwuchs an anderen Körperstellen aber – wo man es sich eigentlich nicht hin wünscht – zunimmt. Zwei Faktoren spielen dabei eine Rolle, sagt der Hausarzt Gerhard-Alfons Lutz: Der Hormonhaushalt und die genetische Programmierung der Haarfollikelzellen. Mit Hormonen ist vor allem Testosteron gemeint, denn es wirkt an unterschiedlichen Stellen der Haut verschieden. Auf dem Kopf sind die Hautzellen so programmiert, dass Testosteron die Haare ausfallen lässt, während im Rest des Körpers das Testosteron zu verstärktem Haarwachstum führt.

So kommen Jungs in der Pubertät zu ihrer Körper- und Schambehaarung, weil das Testosteron das Haarwachstum am ganzen Körper anregt. Gleichzeitig fängt bei manchen jungen Männern das Haar schon mit Anfang 20 an, sich zu lichten – es klingt widersprüchlich, aber beides ist eine Folge von Testosteron. Und im fortgeschrittenen Alter kann es passieren, dass sich eine Glatze bildet und gleichzeitig in der Nase, zwischen den Augenbrauen oder auch auf der Brust, dem Rücken und dem Bauch ein mehr oder weniger uriger Flaum entsteht. Wie stark die Haarwurzeln – in die eine oder andere Richtung – auf Testosteron reagieren, ist dabei sehr stark erblich bedingt.

Und was könnte der evolutionäre Vorteil dieses Phänomens sein?

Das konnte mir niemand sagen, auch beim Max-Planck-Institut für Evolutionäre Anthropologie hatten sie keine Erklärung dafür. Vermutlich ist der zunehmende Körperhaarwuchs eher ein später Nebeneffekt der Pubertät. So ist die Evolution: Nicht alle Phänomene lassen sich durch einen Überlebensvorteil erklären. Manches entwickelt sich auch als Nebeneffekt von etwas anderem, solange es nicht weiter stört, solange es das Überleben und die Fortpflanzung nicht weiter beeinträchtigt.

In diesem Fall wäre es so: In der Pubertät kommt es unter dem Einfluss von Testosteron an vielen Stellen – außer am Kopf – zu einem stärkeren Haarwachstum. Wenn man sich nun vorstellt, dass das nach der Pubertät nicht aufhört, sondern einfach verlangsamt weitergeht, könnte das den Haarwuchs an Brust oder Rücken. Solcher Haarwuchs hat noch keinen Mann umgebracht, geschweige denn davon abgehalten, Kinder in die Welt zu setzen. Und das ist letztlich das, worauf es in der Evolution ankommt.

Warum schrumpeln Finger, wenn sie lange im Wasser sind?

Das Schrumpeln der Finger ist umso bemerkenswerter, wenn man daran denkt, was alles nicht schrumpelt: Die Haut an den Armen, Beinen und dem Rücken bleibt ja im Wasser glatt – oder wird nicht schrumpeliger, als sie ohnehin schon ist.

Aber die Finger und die Zehen schrumpeln, werden wellig. Über die Gründe gibt es verschiedene Ansichten. Die Standard-Lehrmeinung besagt: Das Schrumpeln geschieht passiv – die Hornhautzellen können viel Wasser aufnehmen und quellen dadurch. Der tiefere Grund ist: Die Hornhautzellen sind zwar biologisch abgestorben, aber sie enthalten noch relativ viele Salze – Wasser strebt, wenn es kann, immer Richtung Salz nach dem Prinzip der Osmose. Also dringt Wasser in die Zellen, und die quellen auf.

Nun werden die Finger aber nicht einfach dicker, sondern es bildet sich dieses Wellenmuster. Das liegt unter anderem daran, dass wir praktisch überall dort, wo sich viel Hornhaut bildet, auch Papillarlinien haben – also die dünnen Rillen, die unseren Fingerabdruck ausmachen. Die gibt es auch an den Zehen. Und überall wo wir diese Papillarlinien haben, sind die oberen Hautschichten eng mit der Unterhaut verbunden. Sie kann sich somit nicht einfach frei ausdehnen – deshalb schlägt sie, wenn sie aufquillt, dieses Wellenmuster. Das ist jedenfalls die Standarderklärung.

2011 kamen aber US-Forscher noch mit einer anderen möglichen Erklärung. Vielleicht, sagen sie, ist der Körper doch aktiv am Schrumpeln beteiligt. Es wäre somit kein passiver Vorgang, der einfach geschieht, sondern der Körper unterstützt das Schrumpeln. Der Sinn könnte sein, dass die Finger griffiger werden: Aus einer nassen glatten Hand würde ein Gegenstand leicht herausrutschen. Denn dann wäre immer ein Wasserfilm zwischen Haut und Gegenstand. Die Schrumpelfinger dagegen geben der Hand zusätzlich „Profil" und bewirken, dass das überschüssige Wasser abfließen kann – jedenfalls hat der Neurowissenschaftler Mark Changizi diese Möglichkeit ins Spiel gebracht. Die Furchen im Schrumpelfinger hätten somit die gleiche Funktion wie die Rillen in einem Autoreifen.

Und hat er dafür irgendwelche Belege?

Ja, er nennt zwei Indizien. Das eine ist ein uralter wissenschaftlicher Aufsatz, der ihn überhaupt erst auf den Gedanken gebracht hat. Viele Forschungen aus früheren Jahrzehnten geraten ja völlig in Vergessenheit, wenn sie nicht weiter verfolgt werden. Und so hat Changizi einen Artikel aus den 1930er-Jahren entdeckt, in dem schon mal jemand festgestellt hat, dass Finger nicht schrumpeln, wenn Nerven, die in die Fingerspitze führen, beschädigt oder durchtrennt sind. Das würde im Umkehrschluss bedeuten, dass das Schrumpeln zumindest auch durch Nervenimpulse ausgelöst wird und nicht nur eine passive Quellreaktion auf das Eindringen von Wasser ist.

Zweiter Hinweis: Bei allen Menschen ähnelt sich das Schrumpeln mehr oder weniger. Es entsteht kein wirres zufälliges Muster, wie man es vielleicht bei einem rein passiven physikalischen Vorgang erwarten würde, sondern es entstehen immer relativ gerade Furchen, die von der Fingerspitze wegführen. Und genau dieses Muster wäre zur „Entwässerung" der Finger besonders effektiv. Auch das wäre also eine interessante Erklärung, obwohl sie noch nicht bewiesen ist. Vielleicht kommt ja sogar beides zusammen, in dem Sinn, dass der Körper das Schrumpeln zwar aktiv steuert, dass aber trotzdem das eindringende Wasser erst die Voraussetzungen schafft, dass er das überhaupt kann.

Warum sind die Finger der menschlichen Hand unterschiedlich lang?

Weil das am besten unseren Bedürfnissen entspricht. Andernfalls wären sie ja entweder alle gleich lang oder gleich kurz. Lauter kurze Finger wären unpraktisch, denn zum Greifen, zum Anfertigen von Werkzeugen oder zum Werfen von Speeren brauchen Finger nun mal eine gewisse Länge. Wären dagegen alle Finger so lang wie der Mittelfinger, wäre das eine Verschwendung von Ressourcen. Die Evolution – also die natürliche Selektion – folgt dem Prinzip der Sparsamkeit: Sie kräftigt nur die Strukturen, die wirklich benötigt und belastet werden. Die anderen bleiben klein oder schrumpfen – denn das Material und die Energie, die dabei gespart werden, kann der Organismus anderswo sinnvoller einsetzen.

So hat sich eine Hand entwickelt, bei der die Länge der Finger auch die durchschnittliche Belastung spiegelt. Wenn Sie einen Ball werfen oder an einem Ast Klimmzüge machen, ist der Mittelfinger am stärksten belastet, am zweitstärksten der Ringfinger. Anschließend kommt der Zeigefinger, der bei manchen, vor allem feinmotorischen, Tätigkeiten stärker beansprucht wird.

Man kann sich das übrigens schön veranschaulichen: Nehmen Sie mal einen Tennisball oder einen Apfel in die Hand. Wenn die Finger bequem den Ball umfassen, sind die Fingerkuppen etwa auf einer Linie. Der lange Mittelfinger nämlich sucht sich die Stelle mit dem größten Umfang, sozusagen den Äquator. Von ihm geht beim Halten die meiste Kraft aus.

Eine Ausnahme ist der Daumen, aber der ist ohnehin ein Sonderfall, weil er ja in Opposition zu den anderen Fingern steht, beim Greifen also den Gegendruck erzeugt. Der Daumen ist allerdings auch etwas dicker. Und er ist in

Stellung der Finger beim Halten eines Apfels

Wirklichkeit gar nicht so kurz wie er aussieht, denn der eigentliche Daumenansatz sitzt ja viel tiefer an der Hand als die Ansätze der anderen Finger. Messen Sie mal mit der linken Hand ab, wie lang Ihr rechter Daumen vom Ansatz – vom ersten Gelenk – bis zur Spitze ist und vergleichen Sie das mit dem Mittelfinger, der Daumen zieht da in der Regel keineswegs den Kürzeren.

Stimmt es, dass bei Männern der Ringfinger meist länger ist als der Zeigefinger, während es bei Frauen umgekehrt ist?

Ja, bei Männern ist tatsächlich meist der Ringfinger länger. Bei Frauen sind die Finger eher gleich lang, oft ist der Zeigefinger sogar länger als der Ringfinger. Und die Anatomen haben in den letzten Jahren noch viel mehr herausbekommen. Es gibt – zumindest bei Männern – eine Korrelation: Je länger der Ringfinger im Verhältnis zum Zeigefinger, desto größer sind die Hoden und der Penis.

Die Ringfingerlänge korreliert auch mit Karriere-Erfolg. In Orchestern haben die ersten Geiger signifikant längere Ringfinger als die zweiten Geiger. Man ahnt inzwischen die Gründe: All diese Eigenschaften – die Länge des Ringfingers, die männlichen Geschlechtsteile wie auch die berufliche Durchsetzungskraft – sind im wahrsten Sinne des Wortes testosterongesteuert und werden somit von den gleichen Genen kontrolliert.

Das weibliche Hormon Östrogen wiederum beeinflusst das Wachstum des zweiten Fingers – das ist durch Tierversuche belegt. Diese Zusammenhänge hat man erst in den letzten Jahren entdeckt hat und versucht jetzt zu verstehen, welche tieferen Hintergründe sie haben bzw. was sich die Evolution sozusagen dabei gedacht hat.

Woher kommt „jemandem die Daumen drücken"?

Den Ausdruck kannten offenbar schon die alten Römer. Für sie bedeutete das Daumendrücken, jemandem Glück zu wünschen, jemanden in Gedanken zu unterstützen. Belegt wird das durch ein Zitat des römischen Naturforschers Plinius des Älteren. Er hat im 1. Jahrhundert n. Chr. das gesammelte naturkundliche Wissen der damaligen Zeit in einer Art Enzyklopädie zusammengetragen. In einem Kapitel über Heilmittel findet sich dort der Satz: *Pollices, cum faveamus, premere etiam proverbio iubemur.* „Schon das Sprichwort fordert uns auf, die Daumen zu drücken, wenn wir jemandem geneigt sind." Dieser Satz lässt darauf schließen, dass es schon damals ein entsprechendes Sprichwort bzw. eine Redensart gegeben hat.

Das Drücken des Daumens war offenbar auch eine übliche Geste bei Gladiatorenkämpfen. Oft hört man, dass das Publikum bei diesen Kämpfen mit dem Daumen über das Schicksal von Gladiatoren abgestimmt hat, wobei sehr umstritten ist, ob es wirklich so war, wie es oft dargestellt wird; also ob das berühmte „Daumen hoch" den Wunsch nach Gnade ausdrückte und „Daumen runter" ein Todesurteil zum Ausdruck brachte – das ist historisch nicht klar überliefert. Manches spricht sogar dafür, dass es umgekehrt war. Aber mit dem gedrückten Daumen brachte das Publikum offenbar seine Sympathie für einen Gladiator zum Ausdruck und somit auch seinen Wunsch, dass dieser Gladiator am Leben bleibt.

Aus dieser Zeit hat sich das Daumendrücken übers Mittelalter bis in die heutige Zeit gerettet – genau wie übrigens die Bedeutung einer anderen Geste: des ausgestreckten Mittelfingers, auch bekannt als „Stinkefinger". Auch der lässt sich – wie im vorigen Band *(Wird ein Flugzeug schwerer, wenn ein Vogel darin fliegt?)* ausgeführt – bis zu den Römern zurückverfolgen.

Warum gibt es mehr Rechtshänder als Linkshänder?

Da gab es schon alle möglichen Theorien. Zum Beispiel, dass das ein Überbleibsel aus der Ritterzeit wäre, als die Ritter in der rechten Hand das Schwert führten, während sie mit der linken Hand mit dem Schild ihr Herz schützten. Die Theorie gilt längst als überholt, weil Archäologen anhand prähistorischer Werkzeuge und Faustkeile herausgefunden haben, dass schon unsere Vorfahren vor 2 Millionen Jahren mehr mit der rechten Hand arbeiteten – und die hatten noch keine Schwerter. Allerdings trugen auch sie das Herz auf der linken Seite, sodass es noch eine andere Erklärung gibt, die weniger mit Rittern, als mit den Müttern zu tun hat: Möglicherweise haben damals Mütter ihre Säuglinge mehr auf der linken Seite getragen, damit die Babys näher am Herzen waren und vom Herzschlag beruhigt wurden. Die Mütter hätten dann die rechte Hand frei gehabt, die sich dann immer mehr als Arbeitshand durchgesetzt hat. Aber das ist ebenfalls eine gewagte Spekulation.

Leider hilft hier auch die Hirnforschung nicht wirklich weiter. Aus der Hirnforschung wissen wir, dass unsere beiden Gehirnhälften jeweils die gegenüberliegenden Organe steuern: Die linke Gehirnhälfte steuert die rechte Hand und den rechten Fuß, und umgekehrt. Gleichzeitig befindet sich bei den meisten Menschen in der linken Gehirnhälfte auch das Sprachzentrum sowie generell die Hirnareale, die stärker für rationales, analytisches und logisches Denken verantwortlich sind. Aus dieser Spezialisierung der linken Hirnhälfte könnte also die Spezialisierung der rechten Hand folgen.

Allerdings stellt sich da die Frage: Warum sollten Sprache und logisches Denken beeinflussen, mit welcher Hand wir lieber einen Ball werfen? Man könnte höchstens eine Verbindung herstellen, in dem man sagt: Sprache ist Kommunikation und mit den Händen haben unsere Vorfahren auch kommuniziert, aber ob das als Erklärung reicht? Das zweite Problem mit dieser Erklärung ist, dass die meisten Linkshänder ihr Sprachzentrum genau wie Rechtshänder in der linken Gehirnhälfte haben. Nur bei einem kleinen Teil der Linkshänder sind tatsächlich die Gehirnhälften andersherum spezialisiert.

Grundsätzlich ist fraglich, ob sich die Rechtshändigkeit überhaupt mit einem evolutionären Vorteil erklären lässt. Denn weder sind die Linkshänder ausgestorben noch scheinen sie irgendwelche Nachteile im Kampf ums Überleben zu haben. Es gibt sogar unter erfolgreichen Spitzensportlern überdurchschnittlich viele Linkshänder, vor allem bei Zweikampfsportarten.

Obwohl es so ein alltägliches Phänomen ist, hat die Wissenschaft also noch keine Ahnung, warum sich die rechte Hand durchgesetzt hat, und sie weiß nicht einmal, wie man überhaupt zum Linkshänder wird. Es ist bisher kein

„Linkshänder-Gen" identifiziert worden, sondern im Gegenteil kommt es auch vor, dass von zwei eineiigen Zwillingen einer ein Rechts- und einer ein Linkshänder ist.

Statistisch kann man zeigen: Wenn beide Eltern Linkshänder sind, ist die Wahrscheinlichkeit zumindest leicht erhöht, dass ihre Kinder es ebenfalls sind. Aber es ist absolut keine Zwangsläufigkeit, und die Gene spielen wohl nur eine untergeordnete Rolle. Möglicherweise wird die Händigkeit auch von Hormonen im Mutterleib beeinflusst, denn klar scheint zumindest: Schon kurz nach der Geburt steht fest, ob jemand Links- oder Rechtshänder ist.

Kurz: eine befriedigende Erklärung für die Dominanz der rechten Hand gibt es schlicht noch nicht.

Wie lange dauert es, bis der Körper eines ehemaligen Rauchers wieder auf Nichtraucher-Niveau ist?

Das Rauchen hat viele Auswirkungen auf den Körper. Manche davon verschwinden, wenn man aufhört, recht schnell, andere bleiben. Zu den ersteren gehören Symptome wie der Raucherhusten und die Kurzatmigkeit. Da schafft es die Lunge innerhalb von wenigen Wochen bzw. spätestens nach 9 Monaten, sich selbst zu reinigen; die Flimmerhärchen in den Lungenflügeln wachsen sogar nach. In dieser Hinsicht kommt ein Ex-Raucher relativ schnell wieder auf den Stand eines Nicht-Rauchers.

Etwas länger dauert es bei den schwerwiegenderen Gesundheitsrisiken, die mit dem Rauchen verbunden sind. Es ist bekannt, dass Raucher ein deutlich erhöhtes Herzinfarktrisiko haben. Schon bei täglich fünf Zigaretten steigt dieses Risiko um 50 Prozent. Die Ursache hierfür sind Begleitstoffe im Qualm, Kohlenmonoxid, Stickoxide, Wasserstoffcyanide. Die führen zu ständigen kleinen Entzündungen an den Innenwänden der Blutgefäße, und diese Stoffe machen das Blut buchstäblich dicker, zähflüssiger. Gleichzeitig steigt bei jeder Zigarette der Blutdruck – und alles zusammen steigert die Wahrscheinlichkeit für einen Herzinfarkt, aber auch für Schlaganfälle. Untersuchungen zeigen: ein 60-jähriger Raucher hat etwa das gleiche Infarktrisiko wie ein 80-jähriger Nichtraucher.

Die gute Nachricht ist: Das Risiko sinkt wieder, wenn man mit dem Rauchen aufhört. Auch bei ehemals starken Rauchern ist das Herz-Kreislauf-System nach 5–6 rauchfreien Jahren in der Regel wieder so fit, als wenn sie nie angefangenen hätten. Das hat eine Studie des Deutschen Krebsforschungszentrums (DKFZ) bestätigt: Selbst Menschen, die erst mit 60 aufhören zu rauchen, haben nach ein paar Jahren kein erhöhtes Infarktrisiko mehr.

Hartnäckiger ist dagegen das Risiko für Lungenkrebs. Hier berufe ich mich wieder auf das DKFZ: Nach dessen Untersuchungen ist nach 10 Jahren Nichtrauchen das Lungenkrebsrisiko bereits deutlich reduziert und nach 20 Jahren ist es nur noch geringfügig höher als bei einem „Nie-Raucher“. Erhöht bleibt es aber zeitlebens. Denn Krebs entsteht ja dadurch, dass bestimmte Stoffe im Qualm – gar nicht mal das Nikotin, sondern Stoffe wie Benzol oder Formaldehyd – zu genetischen Schäden in den Lungenzellen führen. Und diese Schäden sind irreparabel. Bei Rauchern nimmt das Risiko deshalb mit jedem Jahr zu, einfach weil die Gefahr, dass Zellen geschädigt werden, steigt. Und wenn man aufhört, steigt die Gefahr zwar nicht weiter an – aber von den Zellen, die bei der Entscheidung aufzuhören bereits geschädigt waren, geht weiterhin Gefahr aus.

Woher kommt „Du kannst mir den Buckel runterrutschen!"?

Die Redensart scheint es schon sehr lange zu geben, wobei sich die Bedeutung möglicherweise gewandelt hat. Das Wort „Buckel" steht bei uns heute als flapsiger Ausdruck für den Rücken. Den Rücken wiederum zeigt man jemandem, von dem man sich abwendet. In einer ersten – noch eher harmlosen Deutung – liegt der Redewendung also folgender Gedankengang zugrunde: Du bist doof, ich dreh dir den Rücken zu, du siehst mich nur noch von hinten und kannst mir den Buckel runterrutschen.

In der Redewendung verbirgt sich aber ein noch ein deftigeres Bild. Denn: Wo landet man beim Runterrutschen am Ende des Buckels? Richtig, am Hintern. Und genau darauf spielt die Redewendung durchaus auch an. Wenn es um verächtliche Gesten geht, dann ist die Steigerung von „jemandem den Rücken zuwenden" bekanntlich die Präsentation des Allerwertesten. Zu sagen: „Du kannst mir den Buckel runterrutschen" spielt somit auf ein ähnliches Bild an wie: „Du kannst mich am Arsch lecken." Das ist zumindest die neuere Bedeutung dieser Redensart.

Sie setzt allerdings voraus, dass „Buckel" gleichbedeutend ist mit „Rücken". Das ist aber im Deutschen erst ab dem 15./16. Jahrhundert so. Das Wort Buckel gab es schon vorher; es drückte allgemein gewölbte Formen aus – allerdings eher außerhalb des menschlichen Körpers. „Buckel" kann auch einen rundlichen Berg bezeichnen. Und es gab noch eine spezielle Bedeutung, nämlich den Buckel in der Mitte eines Kampfschildes. Ein Schild hat ja an der Seite, die zum Feind zeigt, in der Mitte einen rundlichen Beschlag, eine Verstärkung. Und deshalb wird vermutet, dass sich die Redensart ursprünglich auf eine blutige Kampfsituation bezieht. Sinngemäß: Ich verachte dich, ich bekämpfe dich, ich werde dich mit dem Schwert besiegen, sodass du dann tot an meinem Schild – und somit auch am Schildbuckel – herunterrutschst.

Es ist möglich, dass die Redensart ursprünglich auf diese Vorstellung zurückgeht und die Assoziation mit dem menschlichen Hintern erst später kam.

Warum knurrt der Magen?

Das Magenknurren – medizinisch auch *Borborygmus* genannt – ist etwas ganz Normales. Denn der Magen arbeitet „blind" – er weiß nicht, ob er gerade etwas zu verdauen hat oder ob er leer ist, er schafft einfach immer weiter. Er zieht sich ständig zusammen und versucht, Nahrung in den Darm zu schieben.

Solange der Magen gut gefüllt ist, gibt es auch keine Geräusche. Sobald er aber seine Mahlzeit bewältigt hat, ist er leer. Trotzdem arbeitet er weiter. Weil er kein Essen mehr hat, das er weiterschieben kann, wirbelt er nur noch Luft herum, Luft in Verbindung mit Magensäften.

Das eigentliche Knurr-Geräusch entsteht dann vor allem am Ende des Magens, am Übergang zum Darm. Der besteht nur aus einer engen Öffnung, und wenn der Magen versucht, dort Luft hineinzupressen, passiert Ähnliches wie bei einem Dudelsack oder wie bei einem Luftballon, wenn man die Luft langsam rauslässt: Es gibt ein Geräusch. Und das hören wir von außen als Knurren.

Gibt es Geburtsschmerzen nur beim Menschen?

„Viele Mühsal will ich dir bereiten, wenn du Mutter wirst. Mit Schmerzen wirst du Kinder gebären." Das war die Vorwarnung von Gott an Eva. Richtig ist: Geburtsschmerzen kommen nach Beobachtung von Wildtierforschern auch bei Tieren vor, von Elefanten etwa wird es berichtet, aber das sind eher vereinzelte Fälle. Im Ausmaß und in der Regelmäßigkeit der Geburtsschmerzen ist der Mensch ein Sonderfall. Es gibt dafür auch eine evolutionäre bzw. anthropologische Erklärung:

Als eine Ursache für die Geburtsschmerzen gilt nämlich der aufrechte Gang, den sich unsere Vorfahren vor einigen Millionen Jahren in Afrika angeeignet haben. Der aufrechte Gang hat zum einen zu einem schmalen Becken geführt, zum anderen hat er die Intelligenzentwicklung vorangetrieben. Wer aufrecht läuft, hat die Hände frei, kann eine manuelle Geschicklichkeit entfalten und irgendwann Werkzeuge herstellen. Werkzeuge, mit denen unsere Vorfahren auch jagen konnten.

Das alles erfordert aber Hirnschmalz. Um bei der Jagd erfolgreich zu sein, organisierten sie sich in Kleingruppen, das verlangt viel Kommunikation – auch das ist ein Faktor, der das Gehirn wachsen lässt. Und weil sie nun jagten, aßen unsere Vorfahren mehr Fleisch – und diese proteinreiche Nahrung hat ebenfalls das Hirnwachstum vorangetrieben.

Unterm Strich ergibt sich dadurch eine gegenläufige Entwicklung. Im Politikerdeutsch könnte man sagen: Die Evolution stand vor einem Zielkonflikt – der aufrechte Gang forderte ein schmales Becken und somit einen schmalen Geburtskanal, die zunehmende Intelligenz dagegen führte bei den Babys zu einem größeren Gehirn und somit größeren Schädel. Das Ergebnis ist ein im wahrsten Sinne schmerzhafter Kompromiss.

Insofern muss man zur Erklärung den lieben – bzw. zornigen – Gott nicht unbedingt heranziehen, trotzdem gibt die biblische Erklärung eine treffende Metapher: Denn nach dem Bericht der Genesis war die schmerzhafte Geburt ja die Strafe dafür, dass Eva Adam dazu verführt hat, die Früchte vom Baum der Erkenntnis zu essen.

Wenn man dieses „Vom-Baum-der-Erkenntnis-Essen" als Sinnbild für die Intelligenzentwicklung bei den frühen Menschen betrachtet, dann passt das Bild ganz gut: Die Schmerzen beim Gebären waren gewissermaßen der Preis, den der Mensch für sein großes Gehirn und seine Intelligenz zu zahlen hatte.

Eigentlich war es ein Preis. Es gab noch einen anderen: eine vergleichsweise sehr lange Kindheit. Anders als bei den meisten Tieren ist das Gehirn bei der Geburt noch sehr unfertig – sonst wäre es einfach zu groß für den schmalen

Geburtskanal. Der Mensch kommt ziemlich hilflos auf die Welt und braucht nach der Geburt mehr als 15 Jahre, bis er sich aus der Abhängigkeit der Eltern löst. Andere Tiere, auch Säugetiere, sind da viel schneller, weil ihr Gehirn bei der Geburt schon relativ weit entwickelt ist. Das menschliche Gehirn dagegen wächst nach der Geburt noch eine ganze Weile im gleichen Tempo weiter wie zuvor im Mutterleib. Deshalb braucht der Mensch lange, bis er auch geistig erwachsen wird.

Warum haben Frauen so oft kalte Füße?

Mit solch pauschalen Behauptungen muss man in Zeiten von Sexismus-Debatten vorsichtig sein. „So oft" ist vielleicht übertrieben, aber es scheint Frauen zumindest statistisch öfter zu treffen als Männer und öfter, als es der Jahreszeit bzw. der tatsächlichen Temperatur entspricht. Es sind auch eher Frauen, die die Socken im Bett anbehalten. Männer machen das seltener, und offenbar nicht nur, weil es uncool ist, sondern auch, weil sie es tatsächlich nicht so nötig haben.

Der durchschnittliche Frauenkörper geht nämlich anders mit Wärme um. Männer haben mehr Muskeln – im Verhältnis zum Körpergewicht fast die doppelte Muskelmasse – und Muskeln produzieren nun mal viel Wärme. Diese Wärme verteilt sich wiederum im Körper.

Außerdem haben Männer noch einen zweiten Vorteil: Sie haben im Schnitt ein größeres Körpervolumen und somit ein besseres Verhältnis von Körperoberfläche zur Masse. Der Körper gibt somit die Wärme weniger schnell ab. Frauen sind also doppelt im Nachteil: Sie produzieren weniger Wärme und speichern diese auch noch schlechter. Beides führt dazu, dass ihr Körper öfter auf „Energiesparmodus" schaltet. Das macht er, indem er sich aufs Wesentliche konzentriert – die inneren Organe, die Körpermitte. Die Versorgung der äußeren Extremitäten dagegen – also Hände und Füße – wird heruntergefahren, weil die es nicht so nötig haben. Denn kalte Füße sind zwar unangenehm beim Einschlafen, aber ansonsten nicht weiter gefährlich.

Kalte Füße können natürlich auch noch andere Ursachen haben – enges Schuhwerk, dünne Sohlen, niedriger Blutdruck, Bewegung, Ernährung bis hin zu psychischen Faktoren, Aufregung usw. – das spielt alles mit hinein. Allerdings kenne ich keine Studien, wonach es auch hier Unterschiede zwischen Männern und Frauen gibt, die sich auf den Fußwärmehaushalt auswirken.

Schwitzt man beim Schwimmen?

Ja. Biologisch gesehen müssten wir beim Schwimmen eigentlich nicht schwitzen. Die Funktion des Schwitzens ist es, den Körper abzukühlen. Beim normalen Sport ist das gut. Der Körper verbrennt mehr Kalorien, er wird warm. Deshalb muss er gekühlt werden, und das Schwitzen hilft dabei. Die Funktion des Schweißes ist es vor allem, auf der Haut zu verdunsten, denn dabei entsteht Verdunstungskälte, die den Körper kühlt. Das Schwimmen ist insofern eine Ausnahme, als da der Körper ja sowieso von kühlendem Wasser umgeben ist. Er müsste also nicht schwitzen.

Das Problem ist nur: Der Körper differenziert hier nicht. Er registriert: „Ich muss mich anstrengen" und spult sein übliches Programm ab: Der Stoffwechsel beschleunigt sich, und die Schweißproduktion wird angeworfen. Der Körper fragt aber nicht nach der Sportart oder danach, ob die Haut Wasserkontakt hat. Insofern: Ja, auch Schwimmer schwitzen – zumindest wenn es sportlich wird. Allerdings nicht im gleichen Maß wie etwa beim Jogging.

Es passiert bekanntlich selten, dass man aus dem Wasser steigt und sich erstmal den Schweiß aus dem Gesicht wischen muss. Das liegt daran, dass der Körper dann doch ein bisschen schlauer ist und schon noch auf einen anderen Parameter achtet: nämlich die Hauttemperatur. Es ist beim normalen Sport ja so; beim Joggen schwitzt man im Hochsommer naturgemäß mehr als im Winter. Und analog hält sich der Körper mit der Schweißproduktion beim Schwimmen eher zurück, da die Haut ja im Grunde kühl bleibt. Er registriert aber schon, wie warm es um ihn herum ist. Gerade Leistungsschwimmer trainieren eher in etwas wärmerem Wasser mit Temperaturen zwischen 24 und 28 °C. Und nach einer Stunde Training lässt sich nachweisen, dass der Körper Flüssigkeit verloren hat – je nachdem, wie warm das Wasser ist. Nach einer Stunde Training haben sie bei 24 Grad Wassertemperatur etwa 0,2 Liter Flüssigkeit verloren, bei 28 Grad schon mehr als das Doppelte, nämlich einen halben Liter. Und im heißen Thermalbad muss sich der Körper unter Umständen gar nicht mehr bewegen, um ins Schwitzen zu kommen.

Wir schwitzen also, wenn wir uns anstrengen oder wenn es um uns herum warm ist. Und wenn beides zusammenkommt, schwitzen wir umso mehr.

Warum sondert der Mensch beim Schwitzen Salz ab?

Weil er ohne das Salz nicht schwitzen könnte. Wir alle brauchen Salz – doch wozu? Anders als Fett oder Eiweiße ist Salz weder etwas, woraus wir Energie gewinnen, noch etwas, was sich im Körper als Masse einlagert. Vielmehr brauchen wir es für den Stoffwechsel und die Verdauung. So seltsam es klingt: Das Salz dient unter anderem als Transportvehikel für Körperflüssigkeiten in den Zellen. Das bedeutet: Wenn an einer bestimmten Stelle im Körper Flüssigkeit – also Wasser – benötigt wird, dann wird nicht primär Wasser dorthin gepumpt, sondern es wird zuerst die Salzkonzentration erhöht bzw. Salz ausgeschieden. Das Salz zieht dann wiederum Flüssigkeit nach sich – wie bei einer aufgeschnittenen Tomate; wenn man die von außen salzt, dann tritt Flüssigkeit aus den Zellen von innen nach außen, denn die Flüssigkeit zieht es immer dorthin, wo die Salzkonzentration höher ist.

Das Gleiche passiert überall, wo wir Salz ausscheiden – wie beim Schweiß. Wir schwitzen nicht, weil der Körper Wasser nach außen pumpen würde, sondern weil die Schweißdrüsen vor allem Salz absondern; dieses Salz zieht dann die Flüssigkeit hinterher. Ähnliches passiert übrigens auch in den Tränendrüsen. Schweiß ist also salzig, weil es ihn ohne Salz gar nicht geben würde. Wir können kein Süßwasser schwitzen, denn der Körper braucht das Salz einfach, um die Schweißflüssigkeit nach außen zu transportieren.

In der Regel nehmen wir aber viel mehr Salz auf, als wir ausschwitzen. Eigentlich bräuchten wir nur 2–3 Gramm frisches Salz pro Tag. Faktisch nehmen wir viel mehr auf, und das überschüssige Salz scheiden wir auch wieder aus. Wobei der Schweiß hierbei nur eine untergeordnete Rolle spielt. Das meiste überschüssige Salz scheiden wir über den Urin aus.

Warum fallen wir nicht aus dem Bett?

Kinder fallen gelegentlich aus dem Bett, weshalb man sie oft in Gitterbetten legt. Erwachsene dagegen brauchen das nicht. Da scheint es tatsächlich einen unbewussten Lernprozess zu geben. Eigentlich bewegen wir uns im Schlaf kaum, weil unsere Muskeln „lahmgelegt" sind. Deswegen können wir auch relativ gefahrlos träumen, denn nicht alles, was wir im Traum tun, übersetzen wir in reale Bewegungen. Nur die Augen bewegen wir, vor allem natürlich in der REM-Phase – REM steht für Rapid Eye Movement, also für die typischen schnellen Augenbewegungen in dieser Schlafphase. Ansonsten bewegen wir uns im Schlaf selbst so gut wie nicht.

Das mag überraschen – schließlich wachen wir oft in einer anderen Position auf als wir einschlafen oder beobachten unseren Partner, wie er sich von einer Seite auf die andere wälzt. Das alles passiert aber nicht im eigentlichen Schlaf, sondern in einer Art Halbschlaf. Das heißt, wir wachen auf – manchmal mehrmals pro Stunde –, schlafen aber gleich wieder ein und vergessen diese Episoden deshalb sofort wieder. Und genau diese Momente sind es, in denen wir uns bewegen. Sei es, weil wir frieren und die Decke suchen oder weil irgendwas drückt. Es kommt auch vor, dass wir etwas träumen und dann tatsächlich eine Bewegung machen. Faktisch sind wir in diesen Momenten mehr wach, als dass wir schlafen. Und deshalb sind wir in der Lage zu merken, wenn wir dem Bettrand nahe kommen oder wenn ein Arm schon über die Bettkante hängt. Dann können wir das – meist unbewusst – gleich korrigieren.

Genauso verhält es sich übrigens, wenn jemand gehandicapt ist und sich deshalb zum Beispiel nicht auf eine bestimmte Seite drehen sollte, etwa weil ein Arm oder Bein in Gips ist. Auch dann passiert in der Regel nichts – wir machen keine Bewegung, die uns schaden oder die schmerzhaft werden könnte, weil wir unbewusst die Grenzen unseres Bewegungsraums spüren und rechtzeitig gegensteuern.

Und Kinder können das noch nicht so gut?

So ist es, das ist eine Lernsache. So wie Kinder laufen oder Fahrradfahren lernen, ohne umzufallen, lernen sie mit der Zeit, sich im Bett zu bewegen, ohne rauszufallen. Der Unterschied ist vielleicht, dass man sich das Fahrradfahren am Anfang bewusst aneignet und die Bewegungen dann später ins Unbewusste übergehen, während das Nicht-aus-dem-Bett-Fallen von Anfang an eher unbewusst erfolgt.

An welchem Tag haben die meisten Menschen Geburtstag?

Hierzu gibt es wenige verlässliche Zahlen. Aber es schwankt offenbar – von Land zu Land und von Jahr zu Jahr.

Ich habe drei Statistiken gefunden, zwei aus den USA und eine aus Österreich. Schon die Zahlen aus den USA widersprechen sich ein wenig. Zum einen gab es die Statistik der (inzwischen eingestellten) Internetseite anybirthday.com. Das war eine Seite, die man u. a. als Erinnerungskalender nutzen konnte, um Geburtstage von Freunden und Angehörigen nicht zu vergessen. Nach der Statistik dieser Seite ist der Rekordhalter der 5. Oktober. Diese Daten beruhen allerdings auf freiwilligen Angaben von Millionen von Nutzern. Daneben hat die New York Times vor vielen Jahren eine Statistik der Geburten zwischen 1973 und 1999 veröffentlicht. Dort stand der 16. September auf Platz 1.

Nach der österreichischen Studie – sie beruht auf amtlichen Zahlen – gibt es ebenfalls eine Häufung von Geburten im frühen Herbst. Allerdings ist da der häufigste Geburtstag am 22. September.

Auf jeden Fall zeigen die Zahlen sehr schön einen Anstieg bei den Geburten zwischen Juli und Oktober. Und Ende September/Anfang Oktober kommen bis zu 15 Prozent mehr Kinder auf die Welt als im Jahresdurchschnitt. Rechnen wir 9 Monate zurück, stellen wir fest, dass diese Kinder vor allem in den Weihnachtsferien gezeugt wurden. Wenn man es noch genauer macht und die Durchschnittsdauer einer Schwangerschaft von 274 Tagen ansetzt, landet (aus-

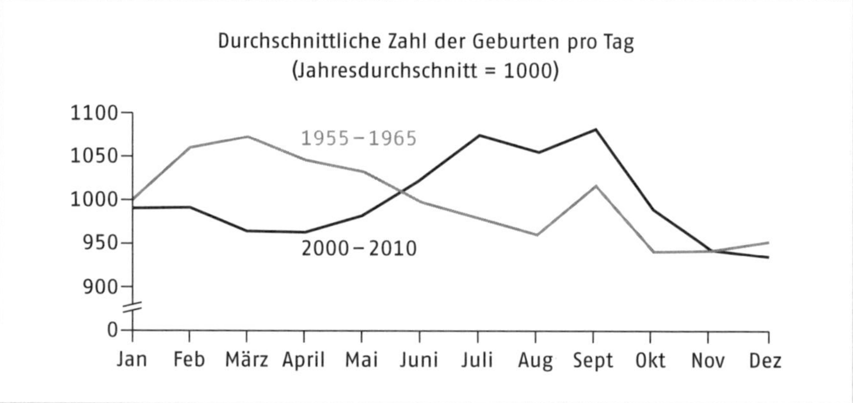

Durchschnittliche Zahl der Geburten pro Tag in Deutschland. Die Zahl 1000 für den Jahresdurchschnitt bedeutet nicht, dass im Schnitt 1000 Kinder pro Tag geboren werden. Vielmehr dient die Zahl der Vergleichbarkeit – die Bevölkerung und damit die Geburten schwanken ja von Jahr zu Jahr. Deshalb wurden jeweils die Geburtenzahlen jedes Jahres auf „1000" heruntergerechnet, um die Häufigkeiten vergleichbar zu machen. Quelle: Stat. Bundesamt

gehend vom 5. Oktober) ziemlich genau bei Neujahr. Nun kann man spekulieren, ob an dem Tag viele Menschen in der Neujahrsnacht schon einen ersten guten Vorsatz fürs neue Jahr umsetzen wollen oder ob generell die Weihnachtszeit eine überdurchschnittliche Zahl von Leuten zur Familiengründung inspiriert.

Was die Geburten in Deutschland betrifft, weist das statistische Bundesamt nur eine Monatskurve aus – der Trend ist ähnlich.

Die Kurve verdeutlicht auch sehr schön, dass sich die Kurven über die Jahre verändern. Früher (1955 bis 1965 – die Zeit vor der Pille!) sind in Deutschland die meisten Kinder noch im März/April geboren worden. Man könnte sie als Produkte von starken „Frühlingsgefühlen" im Vorjahr deuten. Zwar gab es auch damals schon eine zweite kleine Spitze im September, aber erst in den letzten Jahrzehnten wurde der September zum geburtenstärksten Monat.

In welchen Monaten sterben die meisten Menschen?

Die meisten Sterbefälle gibt es im Winter, konkret zwischen Dezember und März. Ich habe mal einige Leute raten lassen: Fast alle, die ich gefragt habe, vermuten spontan, dass es die meisten Todesfälle im November gibt – vielleicht weil sie damit Totensonntag und Allerheiligen verbinden oder der November als ein besonders trister Monat gilt. Tatsächlich aber ist der November ein durchschnittlicher Monat. Erst danach steigen die Todesfälle an; die höchste Sterberate verzeichnet der Februar: Da rechnet die Bestattungswirtschaft mit fast 10 Prozent mehr Todesfällen als im Durchschnitt, wobei sie sich auf Zahlen des Statistischen Bundesamtes beruft. Das ist insofern bemerkenswert, als der Februar der kürzeste Monat ist – trotzdem sterben da im langjährigen Durchschnitt mehr Menschen als in jedem anderen Monat.

Nun spielt bei den vielen Todesfällen die Jahreszeit keine Rolle. Zum Beispiel Sterbefälle, bei denen die Todesursache Krebs ist, verteilen sich übers Jahr hinweg relativ gleich. Doch manche Todesumstände treten verstärkt im Winter auf. Das betrifft vor allem Menschen, die ohnehin schon angeschlagen sind und denen das Winterwetter dann besonders zu schaffen macht. Es gibt mehr Herzinfarkte, mehr Infektionskrankheiten, mehr Lungenentzündungen. Ärzte gehen davon aus, dass auch psychische Faktoren hinzukommen. Dass gerade älteren depressiven Menschen in den dunklen Tagen der „Lebenswille" verloren geht – auch das kann ja eine Rolle spielen.

Die wenigsten Menschen sterben übrigens im Spätsommer – August, September. In diesen beiden Monaten liegt die Sterberate besonders niedrig: 7 Prozent unter dem Durchschnitt.

Geschichte, Kultur und Sprache

Warum sind die Länder im Norden reicher als die im Süden?

Das hat natürlich nichts mit dem Kompass zu tun; innerhalb Deutschlands ist es ja auch umgekehrt – wir hier haben wir ein Süd-Nord-Gefälle: Baden-Württemberg und Bayern sind am wohlhabendsten. Anders ist es in Italien, wo der Norden reicher ist als der Süden. Ein generelles Nord-Süd-Gefälle gibt es innerhalb Europas. Allerdings herrschten vor 2000 Jahren – zur Zeit des römischen Reiches – umgekehrte Verhältnisse. Man kann also nicht sagen, dass es ein Naturgesetz gäbe, wonach nördliche Regionen immer reicher wären als südliche. Im Einzelfall spielen vielfach historische Entwicklungen eine Rolle.

So war früher die Landwirtschaft ein entscheidender Wohlstandsfaktor. Und dafür herrschen in den gemäßigten Breiten einfach die besseren Bedingungen als in den Tropen. Die Böden und die Niederschlagsverhältnisse sind besser. Wir haben zwar auch immer wieder Trockenperioden, leiden aber längst nicht unter Dürreproblemen wie südlichere Länder. Allerdings war das Mittelmeergebiet in der Antike grüner als heute – bis die Römer ihre ganzen Wälder abgeholzt haben, die bis heute nicht nachgewachsen sind. Aber die Frage nach Arm und Reich kann man sicher nicht nur auf solche naturräumlichen Einflüsse zurückführen.

Wer vom „reichen Norden" oder „armen Süden" spricht, meint in der Regel ja etwas anderes: den Unterschied zwischen den reichen Industrieländern und den Entwicklungsländern.

Vieles davon lässt sich einerseits auf die Kolonialgeschichte zurückführen, andererseits auf die Industrialisierung. Aber auch damit verschiebt man die Suche nach der Ursache nur in die Vergangenheit, denn es bleibt ja die Frage: Warum gingen Kolonialisierung und Industrialisierung vom Norden aus?

An dieser Stelle kommt eine Theorie ins Spiel, die von dem US-Geografen Jared Diamond stammt. 1997 erschien sein Buch *Arm und Reich*, im Englischen *Guns, germs and steel* – also Waffen, Krankheitserreger und Stahl. Darin stellt er die einfache Frage: Warum haben einst die Europäer den Rest der Welt kolonisiert und nicht umgekehrt? Seine Erklärung geht zurück bis in den Beginn der Landwirtschaft vor 10 000 Jahren in Vorderasien. Dass die Landwirtschaft dort ihren Anfang nahm und nicht sonstwo, hatte klare Gründe, denn dort herrschten Bedingungen wie nirgends sonst auf der Welt.

Erstens gab es eine gewisse Anzahl domestizierbarer Pflanzenarten – Getreide – und domestizierbarer Tiere. Und zweitens hat der eurasische Kontinent eine Ost-West-Achse. Da es, anders als in Amerika, in Ost-West-Richtung keine großen Gebirgsbarrieren gibt und die Klimazonen in Eurasien in Ost-

West-Richtung verlaufen, konnte sich die Landwirtschaft leicht ausbreiten. Und das hatte Folgen: Die Landwirtschaft war ja zugleich der Beginn komplexer Gesellschaften, in denen es so etwas wie Arbeitsteilung gab, Spezialisierungen. Und die Landwirtschaft führte zu weiteren technischen Innovationen: Töpfe aus Keramik, Pflüge und andere Spezial-Werkzeuge aus Metall wurden erfunden – und die Metallverarbeitung führte natürlich auch zu effizienten Waffen.

Ein anderer, eher unbeabsichtigter Effekt der Landwirtschaft und der Tierhaltung waren die Krankheitserreger, die sich dort entwickeln konnten. Diese Krankheitserreger forderten natürlich viele Todesopfer, aber im Lauf der Jahrtausende wurden die Menschen in Europa dadurch auch gegen viele Erreger immun. Als sie sich dann anschickten, in der Frühen Neuzeit den Rest der Welt zu erobern, brachten sie viele Erreger allerdings auch in die Neue Welt. Und es ist ja bekannt, dass die Indianer in Amerika nicht nur durch die Waffen der Europäer dezimiert wurden, sondern vor allem durch die eingeschleppten Krankheiten.

Natürlich kann man die Geschichte nicht nur dadurch erklären. Aber zumindest das grobe Muster der Menschheitsgeschichte – das letztlich bis heute nachwirkt im Gegensatz zwischen reichem Norden und armem Süden – führt Jared Diamond bis in die Entstehung der Landwirtschaft zurück. Für dieses Buch hat er viel Anerkennung gefunden. Ein Kollege von ihm, Laurence Smith, tätig am gleichen Institut in Los Angeles, führt den Gedanken nun fort und sagt: Durch den Klimawandel werden die nördlichen Regionen, die bisher noch etwas abseits des Weltgeschehens standen – Kanada, Skandinavien, der Norden Russlands – in den nächsten Jahrzehnten einen großen Boom erleben, was natürlich den Begriff „reicher Norden“ weiter am Leben halten würde.

Die europäischen Eroberer haben tödliche Seuchen in Amerika eingeschleppt. Warum blieben sie umgekehrt von amerikanischen Erregern verschont?

Die Krankheiten, die die Europäer nach Amerika gebracht haben, hatten katastrophale Auswirkungen auf die Ureinwohner. Die Europäer brachten Krankheitserreger mit, die es vorher auf dem amerikanischen Kontinent nicht gab: Pocken, Grippe, Masern und Cholera. Gerade die Pocken haben die indianische Urbevölkerung dezimiert – es sind weitaus mehr Azteken und Inkas an eingeschleppten Krankheiten gestorben als durch die Waffen der Spanier. Die Erreger waren neben den Waffen und den Pferden der Europäer ein wichtiger Faktor, der dazu beigetragen hat, dass die zahlenmäßig unterlegenen Europäer die Neue Welt so leicht erobern konnten.

Nun mag es sein, dass es auch in Amerika Erreger gab, die den Europäern zu schaffen machten. Einiges sprich zum Beispiel dafür, dass die Syphilis ein Import aus Amerika war – ganz geklärt ist das noch nicht. Im Großen und Ganzen aber waren es die Europäer, die die Amerikaner mit neuen Krankheiten infiziert haben und nicht umgekehrt.

Das liegt vermutlich daran, dass Europäer eine ganz andere Vorgeschichte hatten. Als Kolumbus nach Amerika kam, hatten die Menschen in Eurasien schon fast 10 000 Jahre Ackerbau und Viehzucht betrieben und einige Tausend Jahre in Städten auf dichtem Raum zusammengelebt. Und das sind die zentralen Brutherde für neue Krankheiten.

Ein Beispiel aus heutiger Zeit ist die Vogelgrippe – der Erreger stammt aus asiatischen Geflügelfarmen. Bei ihm besteht die Sorge, dass er früher oder später so mutiert, dass er von Mensch zu Mensch übertragbar ist. So war es früher auch; wo Menschen auf engem Raum und in großer Nähe zu dichten Tierherden zusammenleben, können sich aus harmlosen Viren und Bakterien lebensgefährliche Erreger entwickeln wie eben die Pocken oder die Grippe.

Nun war die Tierhaltung vor ein paar Tausend Jahren noch nicht ganz so intensiv und die Städte bei weitem nicht so groß wie heute, trotzdem: Europäer und Asiaten haben mit diesen Dingen viel früher angefangen als die präkolumbianischen Kulturen in Amerika. Dadurch haben die Eurasier als Nebenprodukt zahllose gefährliche Erreger unfreiwillig herangezüchtet: Masern und Pocken sind vermutlich irgendwann von Rindern auf den Menschen übergegangen, die Grippe von den Schweinen. In Europa gab es zudem einen weitverzweigten Handel, der die Ausbreitung solcher Seuchen ebenfalls förderte.

Das alles gab es im vorkolumbianischen Amerika nicht. Zwar hatten die Inkas, die Azteken und andere amerikanische Kulturen auch schon ausgeklügelte landwirtschaftliche Systeme, aber längst noch nicht so lange wie die Europäer. Und gerade was die Tiere angeht, war das alte Amerika kaum mit züchtbaren Arten gesegnet: Die Europäer hatten Rinder, Schafe, Ziegen und Schweine, und das schon seit Jahrtausenden – in Südamerika dagegen gab es praktisch nur das Lama und in Mexiko den Truthahn, aber beide wurden nicht in großen Herden gehalten. Und es gab auch nicht so weite Handelsnetze.

Das alles führte dazu, dass die Europäer nicht nur neue Krankheitserreger im Gepäck hatten, sondern dass sie in ihrer Geschichte schon einige Epidemien durchgemacht hatten – man denke an die Pest im Mittelalter – und als Folge gewisse Abwehrkräfte entwickelt hatten. Die indianische Bevölkerung hatte diese Abwehrkräfte nicht – sie war daher den von den Europäern eingeschleppten Krankheiten schutzlos ausgeliefert.

Woher stammt der Ausdruck „okay"?

Interessant ist, dass es wohl kein anderes Wort gibt, das international so verbreitet ist. Denn „okay“ hört man nicht nur in den USA, sondern weltweit: in Südamerika, in der arabischen Welt und in Asien. Das Wort ist damit eines der weltweit am häufigsten verwendeten Wörter überhaupt, und trotzdem weiß niemand genau, wie und warum der Ausdruck entstanden ist. Das macht das Wort so interessant, dass ein amerikanischer Sprachwissenschaftler, Allen Metcalf, darüber vor einigen Jahren ein 200-seitiges Buch geschrieben hat: *OK – The improbable story of Americas Greatest Word.*

Der Frage sind aber Wissenschaftler schon früher nachgegangen. Die heute noch gängige Erklärung wurde in einem Aufsatz von 1941 veröffentlicht. Demnach stammt der älteste eindeutige Beleg für diesen Ausdruck aus dem Jahr 1839. Da taucht das Kürzel o.k. in der *Boston Morning Post* auf, und zwar als Abkürzung für „all correct“. Nun beginnt, wie alle Englischlehrer wissen, das Wort „all“ mit einem „a“ und „correct“ mit „c“, also müsste man „all correct“ wenn schon, dann mit „a.c.“ abkürzen. Aber es gab wohl zu jener Zeit an der US-amerikanischen Ostküste die Mode, Abkürzungen zu benutzen, die orthografisch betont falsch sind. So gab es etwa auch das Kürzel „ky“ für „know yuse“ statt „no use“. Man kann das vielleicht vergleichen mit der deutschen Pseudo-Abkürzung „JWD“, gesprochen „jott we de“ für „janz weit draußen“. Oder im englischen „U2“ für „You too“. In diesem Sinn soll der Redakteur der *Boston Morning Post* eben o.k. für „all correct“ geschrieben haben, und das nicht nur einmal, sondern immer wieder.

Unklar ist, ob das nur die Marotte eines einzelnen Redakteurs war. Manches spricht dafür, dass es schon vorher ein Insiderkürzel war, so wie heute jeder SMS-Schreiber weiß, was ein LG am Ende einer Meldung bedeutet – nämlich „Liebe Grüße“. Und so könnte es sein, dass „o.k.“ damals schon stärker in Gebrauch war. Man weiß es aber nicht, denn es gibt nur wenige schriftliche Belege.

Bekannt ist allerdings, dass es ein Jahr später einen Präsidentschaftskandidaten gab, Martin van Buren. Er stammte aus einer Stadt namens Kinderhook, hatte den Spitznamen „Old Kinderhook“ und kokettierte damit. Wie man nun mit einem gewissen Scharfsinn sofort bemerkt: Old Kinderhook lässt sich ebenfalls mit „O.K.“ abkürzen. Und das hat er sich dann in seiner Wahlkampagne zu Eigen gemacht: „Old Kinderhook is OK“ – das war die Botschaft seiner Wahlkampfstrategen. Das spricht zumindest dafür, dass damals jeder mit diesem Kürzel etwas anfangen konnte. Der Mann wurde dann zwar doch nicht

Präsident, aber zumindest hat die Kampagne geholfen, den Ausdruck weiterzuverbreiten.

Parallel zu diesem Wahlkampf wurde außerdem damals die unbewiesene Geschichte verbreitet, dass bereits ein früherer Präsident, Andrew Jackson, „o.k." als Abkürzung für „all correct" verwendet hat. Und diese Geschichte, egal ob wahr oder erfunden, soll die Mode dann noch weiter verstärkt haben.

Zur weltweiten Karriere des Ausdrucks kam es vor allem durch die Telegrafie. So wie heute das SMS-Schreiben eine Fülle von Abkürzungen in die deutsche Sprache gebracht hat, war es auch beim Telegrafieren hilfreich, zumindest für häufig verwendete Botschaften Kürzel zu verwenden. Und „o.k." für alles klar, alles verstanden, war da natürlich sehr praktisch.

Es gibt allerdings auch abweichende Theorien. Manche sagen, „O.K." bedeutete bei den Telegrafen eigentlich „open key" – also so viel wie „empfangsbereit", und hatte mit dem anderen okay – „all correct" – gar nichts zu tun.

Dann gibt es die Theorie, das Wort stamme aus der Sprache der Choctaw-Indianer, wo okeh so viel bedeutet wie „jawohl!", „so ist es!". Und schließlich gibt es allerlei Legenden von einem angeblichen deutschen Qualitätskontrolleur namens Otto Krüger. In manchen Versionen der Geschichte heißt er auch Oskar Keller oder Otto Krause. Jedenfalls soll das ein gründlicher Deutscher gewesen sein, der bei Ford oder bei anderen Firmen gearbeitet hat. Und wenn er etwas geprüft und für gut befunden hat, soll er das mit seinen Initialen „O.K." abgezeichnet haben. Diese Geschichte hat sich im deutschsprachigen Raum lange gehalten, doch Belege dafür gibt es keine.

Warum lassen wir „die Kirche im Dorf"?

Es gibt für diesen Ausdruck zwei halbwegs plausible Erklärungen. Nach der ersten geht er auf die Zeit zurück, in der die katholische Kirche noch viele Prozessionen auf dem Land durchführte. Dummerweise haben Dörfer aber die Eigenschaft, dass sie klein sind, und eine Prozession, die etwa von einem Ende des Dorfes zum anderen geht, wäre dann schnell zu Ende und macht nicht viel her. Wenn aus der Umgebung auch noch scharenweise Gläubige dazu kommen, platzt das Dorf schnell aus allen Nähten.

Also gab es Bestrebungen, die Prozessionen außerhalb der Dörfer auszutragen, sodass die Kirche – gemeint war also demnach nicht das Kirchhaus, sondern die Kirchengemeinde – sich aus dem Dorf hinaus begeben musste. Das stieß jedoch auf Widerstand. Viele meinten: Nein, die Kirche – eben: die Gemeinde – gehöre ins Dorf, und da soll man sie doch belassen, selbst wenn die Prozession dann eben kleiner ausfallen mag. Das passt auch zur heutigen Bedeutung des Ausdrucks „Die Kirche im Dorf lassen" im Sinne von: Lasst es uns nicht übertreiben, es geht eine Nummer kleiner.

Es gibt aber noch eine andere Erklärung, die führt diesen Ausdruck auf das späte Mittelalter zurück, wo er zum ersten Mal nachgewiesen ist, auch in Frankreich. Bis ins späte Mittelalter hinein wurden neue Siedlungen in enger Zusammenarbeit mit der Kirche gegründet. Die Kirche war im Dorf verwurzelt, die Kirche war Kristallisationskern neuer Siedlungen.

Diese Dorfkirchen regierten anfangs auch über viele Stadtkirchen. Beispiel Ulm: Bevor das Ulmer Münster gebaut wurde, lag die für Ulm zuständige Pfarrkirche außerhalb der Stadt. Und verwaltet wurde sie nicht von Ulm, sondern vom Kloster Reichenau. So war es in vielen Städten, die Städte hatten über ihre Kirchen wenig zu sagen, denn diese wurden organisatorisch von Pfarrkirchen auf dem Land verwaltet.

Das änderte sich dann aber im späten Mittelalter, als die Kathedralen gebaut wurden. Da wurden die Stadtgemeinden nach und nach so groß und mächtig, dass sie sich nicht mehr von den Dorfpfarreien regieren lassen wollten und sich von ihnen abkapselten. Das wiederum passte den Dorfpfarreien nicht, die fürchteten, an Bedeutung zu verlieren, wenn sich die Städte alle von ihnen loslösten. Deshalb gaben sie die Parole aus: Man möge doch die Kirche im Dorf lassen, da, wo sie traditionell gewachsen ist.

Der Vorteil dieser Erklärung ist: Sie passt ein bisschen besser zu den historischen Quellen. Der Nachteil ist: Der Bezug zur heutigen Verwendung dieses Ausdrucks ist weniger deutlich.

Wie nannte man das „Mittelalter" im Mittelalter?

Interessante Frage: Wir können heute vom Mittelalter sprechen, weil wir in der „Neuzeit" leben. Aber natürlich hat um 1000 n. Chr. niemand gesagt, „Ich lebe im Mittelalter" – der Begriff ergibt nur Sinn aus der Perspektive einer späteren Zeit, die sich selbst als „Neuzeit" definiert hat. Für uns beginnt die „Neuzeit" mit der Renaissance und der Rückbesinnung auf das Erbe der Antike. Dadurch ergibt sich die etablierte Dreiteilung. Es gibt das Altertum –die „gute alte Antike", also die Zeit bis zum Ende des Römischen Reiches; es gibt die „Neuzeit" – eben die Zeit ab der Renaissance. Man kann auch sagen: Die Zeit seit der europäischen Expansion nach Amerika, Asien und Afrika. Und die Zeit zwischen Altertum und Neuzeit nannte man dann einfach Mittelalter.

Im Mittelalter sprach man logischerweise nicht vom Mittelalter, man sah sich aber auch nicht als Neuzeit. Zumindest in der Welt der Kirche hatte man eine ganz andere Zeitrechnung, nämlich die von den sechs bzw. sieben Weltzeitaltern. Die Idee geht zurück auf den Heiligen Augustinus, der im 5. Jahrhundert lebte. Augustinus formulierte die Theorie, dass vom Anfang bis zum Ende der Welt sechs Zeitalter vergehen, jedes 1000 Jahre lang. Und nach dieser Theorie lebten die Menschen in der Zeit, die wir heute Mittelalter nennen, im sechsten und damit letzten Weltzeitalter – das heißt, man steuerte aufs Ende der Welt und somit aufs Jüngste Gericht zu.

Wie ist Augustinus darauf gekommen? Die Grundlage für seine Theorie war eine Stelle aus dem 2. Brief des Petrus, wo es heißt, dass „beim Herrn ein Tag wie 1000 Jahre und 1000 Jahre wie ein Tag sind". Also: 1000 Jahre sind mit einem Tag zu vergleichen.

Nun steht in der Bibel, Gott habe die Welt in sechs Tagen erschaffen. Der Analogieschluss war nun: Wenn man einen Tag mit 1000 Jahren gleichsetzt und in dieser Sechs-Tages-Logik denkt, kommt man auf 6000 Jahre. Diese Zahl passte wiederum ganz gut zu den Zeitangaben in der Bibel. Da steht ja genau drin, wer von wem abstammt und wer wie lange gelebt hat. Als die frühen Christen das bis Adam zurückrechneten, haben sie ermittelt, dass von Beginn der Welt grob 5000 Jahre vergangen sind. (Diese Rechnung steht im Gegensatz zu der, die dem jüdischen Kalender zugrunde liegt und die Schöpfung im Jahr 3761 Jahre v. Chr. ansetzt.) Und so kam die Theorie: 5000 Jahre entsprechen fünf Zeitaltern von je 1000 Jahren.

Das erste Zeitalter dauerte von Adam bis zur Sintflut. Das zweite von der Sintflut bis zu Abraham – und so ging das weiter. Das fünfte Zeitalter wiederum endete laut Augustinus schließlich mit der Ankunft von Jesus Christus. Und also begann damit auch das sechste und letzte Zeitalter. Eben: das christliche Zeitalter – Aetas Christiana. Wenn das vorbei ist – so die Vermutung –, kommt der Jüngste Tag, und das war's dann.

Doch der Jüngste Tag kam doch nicht, die Welt drehte sich weiter, und so verschwand diese Art der Zeitrechnung in der Versenkung – bis in der Renaissance das Mittelalter als „Mittelalter" definiert wurde.

Warum spricht man immer noch von „Mitteldeutschland", obwohl die betreffenden Länder heute im Osten Deutschlands liegen?

Der Begriff „Mitteldeutschland" hat eine wechselvolle Geschichte hinter sich. Die eher älteren Zeitgenossen unter uns werden sich daran erinnern, dass „Mitteldeutschland" in der Zeit des Kalten Krieges von manchen lange Zeit als Synonym für die DDR verwendet wurde. Die Idee dahinter war: Die Bundesrepublik hat die DDR offiziell nicht anerkannt. Es existierte ja bis zur Wiedervereinigung offiziell auch keinen Friedensvertrag, der die deutschen Grenzen eindeutig festhielt. Und es gab – vor allem auf der sehr konservativen Seite des Parteienspektrums – eine Auffassung, die sagte: Solange die Grenzen nicht völkerrechtlich geklärt sind, betrachten wir Deutschland in den Grenzen von 1937 – also mit Ostpreußen, Schlesien und Pommern.

Nach dieser Logik bilden diese Gebiete „Ostdeutschland", während die „Sowjetisch besetzte Zone" – also die DDR – in der „Mitte" lag, zwischen dem „westlichem" und dem „östlichem" Deutschland, das man noch immer hinter der Oder-Neiße-Linie verortete. So sprachen im Westen manche Kräfte gern von Mitteldeutschland – in den Vertriebenenverbänden war das durchaus gängig.

Aber hat sich mit der Wiedervereinigung und der Anerkennung der Oder-Neiße-Linie diese Wortwahl endgültig überlebt?

Würde man Mitteldeutschland immer noch so verstehen, wie der Begriff im Kalten Krieg verwendet wurde, wäre das geradezu reaktionär. Der Begriff geht aber historisch viel weiter zurück. Vor der deutschen Teilung war nämlich mit Mitteldeutschland weniger die Mitte zwischen Ost und West, sondern vielmehr die Mitte zwischen Nord und Süd. Ganz ursprünglich war „mitteldeutsch" bis ins 19. Jahrhundert vor allem die Bezeichnung für einen Sprachraum – zwischen den bayerisch-schwäbisch-alemannischen Dialekten im Süden und den niederdeutschen Dialekten im Norden. Dieses mitteldeutsche Gebiet zog sich von der belgisch-luxemburgischen Grenze bis nach Sachsen, also einmal quer durch Deutschland.

Entsprechend hat man Anfang des 19. Jahrhunderts als Mitteldeutschland all die kleinen Fürsten- und Herzogtümer zwischen Preußen im Norden und Bayern, Württemberg und Baden im Süden bezeichnet. Mitteldeutschland war also ein breiter Streifen zwischen Nord- und Süddeutschland – erst später hat sich der Begriff dann ungefähr auf den Raum konzentriert, den heute die Länder Sachsen, Sachsen-Anhalt und Thüringen bilden, in denen man sprachlich-kulturell eine natürliche Einheit sah.

In der Weimarer Republik gab es dann tatsächlich Überlegungen, diesen Raum zu einer Verwaltungseinheit „Mitteldeutschland“ zusammenzufassen, daraus ist dann aber – auch bedingt durch die Machtübernahme der Nazis – nichts geworden. Nach dem Zweiten Weltkrieg erst wurde der Begriff Mitteldeutschland zu dem umgemünzt, was viele noch im Kopf haben: Nämlich das Wort, das Leute verwendeten, die nicht „DDR“ sagen wollten. Aber das war eben nicht die ursprüngliche Bedeutung.

Mit der Wiedervereinigung 1990 kam es zu einer Rückbesinnung auf die ursprüngliche Bedeutung von Mitteldeutschland im Sinne jener Region zwischen Harz und Erzgebirge. Der Mitteldeutsche Rundfunk wurde gegründet ebenso wie die Mitteldeutsche Zeitung. Der Begriff taucht auch in vielen weiteren Verbindungen auf. Das hat aber überhaupt nichts zu tun mit „Wir denken noch in den Grenzen von 1937“, sondern ist einfach eine historische Bezeichnung für diesen Kulturraum – wenn er auch zu der kleinen sprachlichen Paradoxie führt, dass „Mitteldeutschland“ heute die südliche Hälfte von „Ostdeutschland“ ist.

Woher kommt „Jemandem nicht das Wasser reichen können"?

Aus dem Mittelalter – der Zeit, als das Wasser bei Tisch nicht nur zum Trinken diente, sondern auch zum Reinigen der Finger. Mit denen hat man damals noch die Speisen zum Mund geführt, sogar die Herrschaften der besseren Stände. Es gab nur „Fingerfood" – das Essbesteck, wie wir es heute kennen, hat sich erst ab dem 17. Jahrhundert durchgesetzt.

Nun werden Finger aber beim Essen fettig und schmutzig, also wurden zum Essen auch Wasserschalen gereicht, in denen man die Finger zumindest vom Gröbsten reinigen konnte. Der Adel beauftragte mit der Reichung des Wassers die Tischdiener. Aber nicht jeder war dafür geeignet. Zwar ist das Reichen einer Wasserschale keine besondere anspruchsvolle Tätigkeit, doch sollte derjenige an der Tischgesellschaft dennoch einigermaßen appetitlich und vorzeigbar sein. Diejenigen, denen man nicht einmal das zutraute – seinem Herrn das Wasser zu reichen – waren generell zu nicht viel zu gebrauchen.

Diese Herkunft ist insofern interessant, weil der Ausdruck „jemandem das Wasser reichen können" heute ja meist in der Bedeutung verwandt wird: Mit jemandem auf Augenhöhe sein bzw. es im Wettstreit mit jemandem aufnehmen können. Wer dir nicht das Wasser reichen kann, ist einfach nicht so gut wie du. Darum ging es aber früher gar nicht. Selbst der Knappe, der seinem Herrn die Wasserschale reichen konnte, war dadurch mit ihm ja noch lange nicht auf Augenhöhe, er war immer noch Diener seines Herrn. Es war eher ein Unterscheidungsmerkmal innerhalb der Dienerschaft. Wer das Wasser reichen konnte, war höher angesehen als derjenige, der es nicht reichen konnte.

Welche Sprache ist die schwierigste der Welt?

Das kommt immer darauf an, welche Muttersprache jemand spricht. Für Deutsche sind natürlich vor allem diejenigen Sprachen besonders schwierig, mit denen Deutsch überhaupt nicht verwandt ist. Also nicht-indogermanische Sprachen wie Finnisch, Ungarisch oder auch Georgisch. Das sagt jedenfalls der Sprachwissenschaftler Martin Haspelmath vom Max-Planck-Institut für Menschheitsgeschichte.

Abgesehen davon gibt es mehrere Merkmale, die manche Sprachen – unabhängig davon, wer sie lernt – schwieriger machen als andere. Eine Sprache kann eine komplizierte Grammatik oder ein schwieriges Vokabular haben – mit großem Wortschatz, feinen Differenzierungen usw. Oder sie kann schwierig auf der lautlichen Ebene sein. Chinesisch ist so ein Fall: Von der Wortbildung ist sie eher einfach, ähnlich wie das Englische – um die Verben zu konjugieren, muss man in der Regel nicht viele Formen lernen. Aber von den Lauten ist Chinesisch schwierig, weil die Bedeutung eines Wortes stark von der Melodie abhängig.

Welche Sprachen sind nun besonders kompliziert?

Die, die viele von den komplizierten Merkmalen aufweisen. Da gibt es eine Liste in einem Aufsatz des schwedischen Linguisten Mikael Parkvall. Er hat Sprachen nach 53 Merkmalen ausgewertet: Wie viele unterschiedliche Konsonanten verwenden sie? Welche Rolle spielen nasalierte Vokale? Wie viele grammatische Geschlechter gibt es, wo muss man diese berücksichtigen? Wie viele Zeitformen gibt es, wie viele Möglichkeitsformen? Es gibt auch Sprachen wie das Japanische, wo es viele unterschiedliche Höflichkeitsformen zu berücksichtigen gilt.

So entstand eine Liste von Sprachen, geordnet nach Komplexität: Oben stehen die Sprachen, bei denen die meisten Regeln berücksichtigt werden müssen. Ganz oben findet sich *Burashaski*, das ist eine Sprache, die im Norden Pakistans – im Karakorum-Gebirge – von immerhin 100 000 Sprechern gesprochen wird. An zweiter Stelle steht: *Copainalá Zoque*, eine indigene Sprache in Mexiko. Und an dritter Stelle *Khoekhoe*, eine Sprache aus der Grenzregion Namibia/Botswana. Die komplexen Sprachen verteilen sich über alle Kontinente.

Danke an Prof. Martin Haspelmath

Heißt komplex gleichzeitig schwierig?
Nicht unbedingt. Auch eine Sprache mit einfachen Regeln kann viele Unregelmäßigkeiten haben und deshalb schwierig sein. Umgekehrt fällt es leichter, eine komplexe Sprache zu lernen, wenn gesprochene und geschriebene Sprache einen klaren Bezug haben. Spanisch zum Beispiel ist laut der besagten Liste schon eine relativ komplexe Sprache – trotzdem ist sie vergleichsweise leicht zu lernen, weil die Regeln relativ verlässlich sind. Und weil gesprochene und geschriebene Sprache recht stark angeglichen sind: Hat man die Ausspracheregeln erstmal gelernt, ist eigentlich immer klar, wie ein Wort ausgesprochen wird. Im Englischen ist das bekanntlich nicht so – und im Chinesischen mit seinen Tausenden von Schriftzeichen erst recht nicht.

Burashaski, Copainalá Zoque oder Khoekhoe – ist es Zufall, dass die besonders komplexen Sprachen auch besonders exotisch sind?
Exotik ist ja immer relativ – die Sprecher dieser Sprachen empfinden eher uns als exotisch. Trotzdem ist der Eindruck vermutlich nicht ganz falsch: Es sind auf jeden Fall Sprachen mit einer kleinen Zahl von Sprechern.

Umgekehrt sind die großen Weltsprachen ja meist deshalb so verbreitet, weil diese Sprachen in der Geschichte anderen Völkern aufgedrängt wurden. Solange Latein in und um Rom herum gesprochen wurde, war es relativ komplex. Als dann aber die Gallier, die Iberer usw. diese Sprache übernommen haben, verwendeten sie nicht das komplizierte Hochlatein, sondern vereinfachte Varianten. Daraus entstanden dann Französisch, Italienisch und Spanisch, die grammatisch nicht mehr ganz so komplex sind, wie es das Latein war. Insofern kann man grob sagen: Je mehr sich eine Sprache ausbreitet, je mehr unterschiedliche Völker sie übernehmen, desto einfacher wird sie mit der Zeit. Und so findet man die besonders komplexen Sprachen eher unter den kleinen Sprachgruppen.

Wie kommen die „Westindischen Inseln" zu ihrem Namen?

Ja, komisch, nicht wahr? Die „Westindischen Inseln" liegen in der Karibik. Klar: „indisch" heißen sie, weil Kolumbus glaubte, Richtung Indien zu reisen. Aber warum „west-"? Die Westindischen Inseln waren schließlich die ersten Eilande, die Kolumbus nach seiner Atlantiküberquerung zu Gesicht bekam. In der Logik eines „Indienreisenden" müssten diese Inseln also Indien im Osten vorgelagert sein. Wenn überhaupt, müssten sie dann doch „ostindisch" heißen, sollte man meinen.

Den Namen „westindisch" bekamen die Inseln allerdings nicht von Kolumbus selbst, sondern erst viele Jahre später, als längst klar war, dass Kolumbus nicht Asien erreicht hat, sondern einen neuen Kontinent, der Amerika genannt wurde. Es war also den Namensgebern klar: Diese Inseln haben mit Indien nichts zu tun. Und dennoch nannten sie sie „westindisch".

Das Rätsel klärt sich erst, wenn man sich die Kolumbus-Geschichte nochmal genauer anschaut.

Entgegen dem weitverbreiteten Mythos hat Kolumbus zu keinem Zeitpunkt wirklich geglaubt, Indien erreicht zu haben. Als er in der Karibik ankam, wähnte er sich vielmehr irgendwo auf der Höhe von Japan, und später glaubte er, in China gelandet zu sein. Zwar wollte er Asien erreichen, aber nicht explizit Indien. In seinen Aufzeichnungen, auch in seinen Bordbüchern, steht nicht „India", sondern es findet sich immer der Ausdruck „Las Indias". Das ist ein Plural, wörtlich: „Die Indien", als ob es mehrere Länder dieses Namens gäbe. Gemeint waren damit im damaligen Sprachgebrauch all die Ländereien in *und jenseits* von Indien – also der gesamte Ostasiatische Raum.

Als ein paar Jahre nach seinem Tod klar war, dass Kolumbus nicht einmal in Asien war, sondern einen neuen Kontinent entdeckt hatte, blieb dennoch der Ausdruck „Las Indias" bestehen – als Ausdruck für eben jene Inseln in der Karibik, die Kolumbus tatsächlich angefahren hat. Und so gab es aus Sicht der europäischen Seefahrer schließlich zwei Gruppen von „indischen Inseln": zum einen diejenigen, die *tatsächlich* in Indien und dahinter liegen – also in Asien – und die anderen vor dem amerikanischen Kontinent. Die einen lagen Richtung Osten, die bezeichnete man als ostindisch – es gab ja dann auch die berühmt-berüchtigte Ostindien-Handelskompanie. Und die anderen „indischen Inseln" lagen, wieder von Europa aus gesehen, Richtung Westen, also nannte man sie westindische Inseln. Die Ausdrücke Ost und West beziehen sich also nicht die Lage innerhalb eines vermeintlichen Indiens, sondern auf die Perspektive der europäischen Seefahrer.

Warum haben im Deutschen Flüsse sowohl männliche als auch weibliche Namen? Warum heißt es „die Donau", aber „der Rhein"?

Was das Geschlecht von Flussnamen betrifft, ist die wichtigste Regel im Deutschen, dass es keine Regel gibt – anders als zum Beispiel im Lateinischen, wo die Flüsse grundsätzlich männlich sind, wo auch die Donau „Danuvius" heißt. Im Deutschen hängt das Geschlecht von mehreren Dingen ab. Einmal, ob in dem Flussnamen vielleicht ein anderes Wort steckt. Zum Beispiel enden viele Flüsse gerade im süddeutschen Raum auf „ach" wie die Schwarzach, die Wutach oder die Salzach. Die sind weiblich, weil die Ach ein altdeutscher Ausdruck für Fluss ist. Die Schwarzach ist also nichts anderes als der schwarze Fluss. Ähnlich die Donau: In ihr steckt die gleiche Wurzel wie im russischen Fluss Don, nämlich das indogermanische Wort „Duna", „Fluss". Und die Don-Aue ist also die Aue des Flusses. Und weil die Aue weiblich ist, ist es die Don-au ebenfalls.

Das zeigt auch, dass die Namen unserer Flüsse aus ganz unterschiedlichen Epochen kommen. Kelten, Römer, Germanen – alle waren sie hier. Das grammatische Geschlecht des Flusses hängt nun davon ab, wer einem Fluss den Namen gab: Die Germanen haben den Flüssen meist weibliche Namen gegeben, die Römer eher männliche, weil zumindest die großen Flüsse gern mit Göttern in Verbindung gebracht wurden. Beim Rhein ist nicht ganz klar, ob der Name und somit auch das männliche Geschlecht von den Römern eingeführt wurde – eben als *Rhenus* – oder schon zuvor von den Kelten. Interessant ist, dass im Rhein vermutlich die gleiche indogermanische Wortwurzel steckt wie in der französischen Rhone, nämlich „rhei" – fließen. Die Altphilologen unter uns kennen noch den Satz des Heraklit: *Panta rhei* – alles fließt. Das ist offenbar das gleiche „rhei" wie im Rhein. Es steckt auch im deutschen Wort „rinnen", wobei der Rhein natürlich alles andere ist als ein Rinnsal …

Diese wenigen Beispiele zeigen: Bei uns sind die meisten Flüsse weiblich, einige männlich, aber es gibt keine klare Regel, und vieles hängt von den historischen Umständen der Namensgebung ab. Und manchmal springt es auch von Sprache zu Sprache: Im Deutschen ist es *die* Rhone, im französischen heißt sie – männlich – „le Rhône".

Danke an Prof. Konrad Kunze

Warum teilt man Kreise in 360 Grad ein?

Das hat historische Gründe. Die ältesten Belege dafür stammen von griechischen Astronomen im 2. Jahrhundert v. Chr. Auch die haben den Kreis schon in 360 Einheiten eingeteilt. Es spricht aber vieles dafür, dass sie das ihrerseits von den Babyloniern übernommen haben. Denn die Babylonier hatten ein 60er-Zahlensystem; so wie wir das Dezimalsystem benutzen, das aus zehn Ziffern besteht, so baute ihre Zahlenwelt auf 60 „Ziffern" auf. Das 60er-System finden wir heute noch in der Zeitmessung: Eine Stunde hat 60 Minuten und eine Minute 60 Sekunden. Und in der Zahl 360 steckt die 60 auch drin – 6 x 60 = 360.

Aber dann hätten sie den Kreis ja in 60 „Grad" teilen können – so wie heute das Zifferblatt einer Uhr. Warum sind es trotzdem 360 Grad?

Das ist nicht ganz klar, aber es gibt mehrere Vermutungen. Zum einen ist 360 nicht nur ein Vielfaches von 60, sondern auch von 12 und von 24. Das waren ebenfalls zwei wichtige Zahlen. Das Jahr wurde ja schon früh in 12 Monate unterteilt und der Tag in 24 Stunden. Die hat man gern in Form von Kreisen dargestellt – der Schatten einer Sonnenuhr dreht sich ja ebenfalls im Kreis. Auch das könnte für die 360 Grad gesprochen haben, denn die lassen sich bequem in 24 Portionen zu je 15 Grad einteilen.

Eine andere Hypothese hat etwas mit Geometrie zu tun. Demnach haben die Babylonier sehr wohl mit 60 Grad angefangen – aber eben nicht beim Kreis, sondern bei der einfachsten geometrische Flächenform, die es gibt: dem gleichseitigen Dreieck.

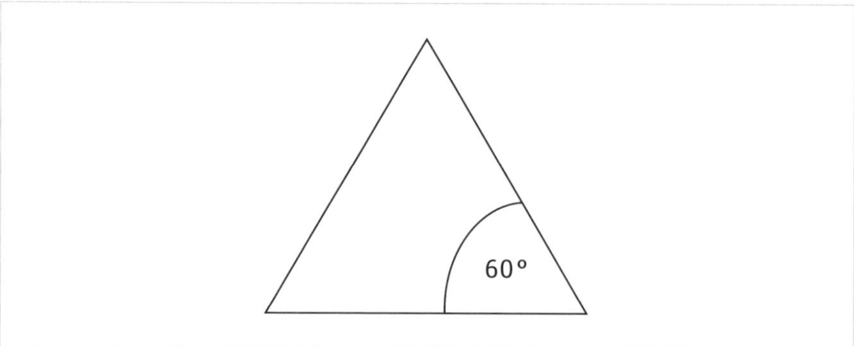

Gleichseitiges Dreieck

Das ist ein Dreieck mit drei gleichen Seiten und drei gleichen Winkeln. Mit solchen gleichseitigen Dreiecken kann man tolle Sachen machen: Man kann eine ganze Fläche damit zupflastern oder man kann sechs solcher Dreiecke zusammenfügen und bekommt Sechsecke. Mit Sechsecken – also einem Wabenmuster – kann man ebenfalls eine Fläche zupflastern.

Das gleichseitige Dreieck war somit so etwas wie die „elementarste" geometrische Flächenform. Es findet sich auch im sogenannten „Davidstern" – der ja im Altertum gar nichts speziell Jüdisches war, sondern ein verbreitetes Symbol. Er besteht ebenfalls aus solchen gleichseitigen Dreiecken.

Die Winkel in einem solchen Dreieck betragen nun alle 60 Grad. Das kam vielleicht genau daher, dass die Babylonier diesen „elementaren" Winkel durch die für sie so wichtige Zahl 60 geteilt und gesagt haben: Das ist jetzt unsere Winkel-Basiseinheit – ein Grad. Und wenn man sechs von diesen „Dreieckswinkeln" aneinanderfügt, erhält man einen Vollkreis – 360 Grad.

Wie gesagt: Das sind Mutmaßungen. Klar ist nur, dass die 360-Grad-Einteilung irgendwie auf das 60er-System der Babylonier zurückgeht. Aber was die sich genau dabei gedacht haben, weiß man nicht.

Warum werden Röcke fast nur von Frauen getragen?

Das war nicht immer so. Heute gilt der Kilt – der Schottenrock – als exotische Ausnahme, aber im Mittelalter und vorher waren Röcke durchaus gängig, sowohl bei den Bauern als auch bei Rittern. Deren Waffenröcke waren allerdings streng genommen eher in der Taille geschnürte Kleider bzw. überlange Hemden. Der Rock im heutigen Sinn, der also erst in der Taille anfängt, kam etwa im 15. Jahrhundert auf.

Röcke und Kleider sind ja im Grunde auch einfacher herzustellen als Hosen – im schlichtesten Fall ist es ein um den Leib gewickeltes Tuch. Deshalb ist eigentlich die Frage interessanter, wie und warum die Hose ins Spiel kam, die ja viel komplizierter und aufwändiger ist. Leider weiß man das nicht genau, aber sie war offenbar von Anfang an ein eher männliches Kleidungsstück.

Warum? Darüber kann man nur spekulieren. Verbreitet waren Hosen offenbar vor allem bei Reitervölkern – das könnte ein Hinweis sein. Beim Reiten sind Hosen praktischer als Röcke. Und weil vermutlich die Männer bei all diesen Völkern – Skythen, Mongolen usw. – mehr auf Pferden unterwegs waren, würde dies erklären, warum es zu einem männlich assoziierten Kleidungsstück wurde.

Die Hose muss aber nicht immer ein Statussymbol bzw. die Kleidung der Mächtigen gewesen sein. Schlagen wir nach bei Asterix: Da sind es die imperialen Römer, die die Röcke tragen, inklusive Julius Cäsar. In Hosen laufen dagegen die scheinbar so provinziellen Gallier herum. Und so war das wirklich – für die Römer waren Hosen letztlich unziemliche Barbarenkleidung. Daran sieht man: Das Image der Kleidungsstücke ändert sich mit der Zeit.

Wenn wir nun heute überlegen, warum Röcke „typisch Frau“ sind, hätten wir vor 50 Jahren auch umgekehrt fragen können: Warum tragen nur Männer Hosen? Hosentragende Frauen galten lange Zeit als unschicklich. Noch 1970 mussten weibliche Bundestagsabgeordnete, die mit Hose oder Hosenanzug den Plenarsaal betraten, damit rechnen, aus dem Saal verwiesen zu werden.

Die Frauen haben sich emanzipiert, dürfen jetzt beides tragen – bei den Männern ist es noch ungewöhnlich. Modeexperten sagen zwar, das ändere sich gerade ein wenig, auch bei Männern kämen Röcke zunehmend in Mode – aber eine Massenerscheinung ist es offensichtlich noch nicht.

Warum bringen Schornsteinfeger Glück?

Früher hatten die Leute ein sehr ambivalentes Verhältnis zum Schornsteinfeger. Einerseits bringt er ja tatsächlich Glück: Er reinigt den Kamin und schützt so die Hausbewohnern vor Unheil wie Rußbränden, Gasvergiftungen oder Hausbränden. Aber er ist eben auch so schwarz. Und das muss auf viele Leute furchteinflößend gewirkt haben. Früher glaubten die Leute noch an den Teufel, und da konnte schon der Verdacht aufkommen, dieser schwarze Mann könnte mit dem Satan im Bund stecken.

Zumal der Schornstein auch so ein geheimnisvoller Ort war. Noch heute wird kleinen Kindern erzählt, dass der Nikolaus durch den Schornstein kommt, und in irgendwelchen Gruselgeschichten gehen die Gespenster durch die Kamine ein und aus oder hausen dort – das sind zwar aus heutiger Sicht harmlose Geschichten, sie gehen aber darauf zurück, dass der Kamin in früheren Zeiten ein dunkler Ort war und daher dafür prädestiniert, da irgendetwas hineinzugeheimnissen.

Aus all diesen Gründen war der Schornsteinfeger immer eine Respektsperson. Selbst wenn sich Leute vor diesem Schwarzen Mann geängstigt haben, wussten sie natürlich auch: Es wäre sehr unklug, ihn nicht in ihre Wohnungen zu lassen. Dann hätten am Ende womöglich Häuser gebrannt und Menschen wären in ihren Feuerabgasen erstickt. So war das Gerücht dass Schornsteinfeger Glück bringen, wohl ein gutes Vehikel, um die Ängste zu überwinden und sich zu sagen: der dringt in diesen dunklen Ort vor und reinigt ihn von potenziell bösen Geistern. Und selbst wenn er wirklich mit dem Teufel in Kontakt steht, könnte er mit dessen Hilfe sogar andere Geister bannen.

Ob jemand das Gerücht, dass sie Glück bringen, absichtlich in die Welt gesetzt hat, um die Leute zu beruhigen und um, heute würde man sagen: die Akzeptanz gegenüber dem Schornsteinfeger zu steigern, das ist nicht überliefert. Genauso gut ist möglich, dass dieser Aberglaube irgendwann einfach aufkam und sich dann verselbstständigt hat.

Der Schornsteinfeger ist ja auch eine „Neujahrs-Figur" – er taucht zum Jahreswechsel als Dekoration in Bäckereien, auf Kuchen, ähnlich wie berühmten vierblättrigen Kleeblätter – das kommt dann auch einfach nur von seiner Bedeutung als Glücksbringer?

Ja, vielleicht noch mit dem kleinen Zusatz, dass früher der Schornsteinfeger traditionell an Neujahr herumging und seine Jahresrechnung vorlegte – und bei der Gelegenheit natürlich gleich eine der ersten Personen war, die einem im Neuen Jahr begegneten. Insofern war es schon von daher ganz gut zu glauben, dass er Glück bringt: Hätte er als Unheilsbote gegolten, wäre er als Neujahrsbesucher sicher nicht so willkommen gewesen.

Das Wesen der Dinge

Was ist Zeit?

Physikalisch gesehen ist Zeit das, was Uhren messen. Das mag unbefriedigend klingen, aber diese Definition entspricht nicht nur unserem Alltagsverständnis, sondern auch Einsteins Relativitätstheorie. Einstein hat ja gesagt, Zeit ist relativ, und damit meinte er, dass Uhren, die sich mit unterschiedlicher Geschwindigkeit durch den Raum bewegen, unterschiedlich schnell ticken.

Das wurde auch nachgewiesen: Lässt man eine hochpräzise Uhr in einem Flugzeug einmal um die Erde fliegen, geht diese Uhr langsamer als wenn sie an Ort und Stelle geblieben wäre. Und zwar nicht deshalb, weil die Uhr im Flugzeug durch irgendetwas gebremst worden wäre, sondern weil die Zeit in schnell bewegten Körpern wirklich langsamer vergeht – relativ zu einem statischen Beobachter. Zeit ist so betrachtet wirklich das, was Uhren messen.

Auch die Maßeinheit der Zeit, die Sekunde, ist auf diese Weise definiert. Nur dass die „Uhr“ in diesem Fall ein Cäsium-Atom ist: Ein Cäsium-Atom „schwingt“ rund neun Billionen Mal in der Sekunde und so haben Physiker festgelegt: Das ca. 9,192 Billionen-Fache dieser Schwingungsdauer definieren wir als eine „Sekunde“.

Das ist die pragmatische Definition – aber wie kann man das tiefere Wesen der Zeit beschreiben?

Die Frage ist: Muss man sich die Zeit als etwas vorstellen, was immer kontinuierlich „fließt“? Heute wissen die Physiker: Zum einen ist die Zeit – ähnlich wie der Raum – nichts, was unabhängig von allem einfach da wäre. Wir stellen uns ja die Zeit oft wie ein Raster zwischen Vergangenheit und Zukunft vor, das „da ist“, und dann „passiert“ darin irgendetwas. Auch da hat Einstein gezeigt, dass das nicht so ist. Sowohl Raum als auch Zeit werden durch die Materie und die Energie im Weltall sozusagen erst aufgespannt. Zum mutmaßlichen Beginn des Universums, beim sogenannten Urknall, versagen diese physikalischen Gesetze und es ist völlig unklar, ob es überhaupt eine Zeit vor dem Urknall gab oder ob die Zeit als solche erst mit dem Urknall angefangen hat zu existieren. Die Frage „Was war vorher?“ ergäbe dann keinen Sinn mehr, denn wenn es keine Zeit gibt, gibt es auch kein „vorher“ und „nachher“.

Ein weiteres Phänomen der Zeit ist, dass sie möglicherweise im Kleinen „gequantelt“ ist. Das heißt, bildhaft gesprochen, verrinnt die Zeit nicht gleichmäßig, sondern sie tropft in winzig kleinen Zeitportiönchen, die natürlich viel kürzer sind, als wir das wahrnehmen können.

Ein grundsätzlicher Unterschied zum Raum ist doch auch, dass man sich in der Zeit nicht rückwärts bewegen kann.
Das ist ein weiteres Merkmal: der sogenannte Zeitpfeil. Die Zeit kennt in unserem Empfinden nur eine Richtung. Wir können die Zeit nicht anhalten, nicht zurückdrehen, sie fließt von der Vergangenheit in die Zukunft und trennt Ursache und Wirkung. Die Vergangenheit ist das, was geschehen ist und sich nicht mehr ändern lässt, die Zukunft ist offen. Das ist erstaunlich, weil in der klassischen Physik – auch bei Einstein – die Zeit keine Richtung hat. Die Bewegungsgesetze gelten vorwärts wie rückwärts. Wenn ich eine ideale Billardkugel filme, die über den Billardtisch rollt („ideal" bedeutet hier: ohne Reibungsverluste), könnte ich den Film auch rückwärts laufen lassen, ohne dass es auffallen würde. Anders ist es, wenn ich eine Glasscheibe filme, die zerbricht – hier erkenne ich es sofort, wenn der Film rückwärts läuft, wenn sich die Scherben wieder zur Scheibe zusammensetzen.

Das liegt an der sogenannten Entropie. Ereignisse entwickeln sich so, dass die Welt insgesamt tendenziell unordentlicher wird. Und wenn sie doch irgendwo ordentlicher wird – etwa wenn wir den Abwasch machen – dann geht das nur, weil wir anderswo – in dem Fall im Abwasser – Unordnung schaffen. Diese Zunahme der Unordnung ist es, die physikalisch der Zeit eine Richtung gibt. Im Umkehrschluss bedeutet das, die Energie des Universums muss am Anfang extrem „geordnet" gewesen sein – sonst hätte es ja gar nicht die Möglichkeit gegeben, immer ungeordneter zu werden.

Wenn man das aber wieder zu Ende denkt, ist es vorstellbar, dass das Universum in vielen Milliarden Jahren irgendwann einen maximal ungeordneten Zustand annimmt. Das wäre dann eine Art Strahlenbrei; und in diesem maximal ungeordneten Zustand würde sich der Zeitpfeil sozusagen auflösen, das Universum wäre so monoton, dass zumindest im Kleinen die Vergangenheit sich von der Zukunft nicht mehr unterscheidet; es gibt keine Ursachen und keine Wirkung.

Kann man Metall riechen?

Spontan würde man wohl sagen, klar! Einmal eine Geldmünze gedrückt oder eine Metallfeder in den Kugelschreiber geschoben – und die Hand riecht „nach Metall“. Zumindest hat es den Anschein, als würde in diesen Fällen ein irgendwie gearteter „Metallgeruch“ auf die Hand übergehen. Fragt man allerdings Chemiker, dann beharren die darauf, dass Metalle geruchlos seien. „Geld stinkt nicht“, wussten schon die alten Römer, und biologisch-chemisch gesehen hatten sie auch recht. Denn: Der Geruchssinn beruht ja darauf, dass einzelne freie umherfliegende Moleküle auf die Riechzellen in unserer Nase treffen. Das sind flüchtige Moleküle, die in der Luft sind oder aus anderen Materialien ausgedünstet werden. Aber ein Metall ist im Wesentlichen eine starre feste Struktur, da dünstet kaum etwas aus.

Wonach riecht aber dann die Hand, die gerade noch eine Münze gehalten hat? Nach einer chemische Verbindung, die erst beim Kontakt zwischen der Haut und dem Eisen entsteht! Auf unserer Haut befinden sich sogenannte Lipidperoxide – profan gesagt: Das sind die sauren Bestandteile von ranzigem Schweiß. Metalle wie Eisen oder Kupfer verwandeln nun diese Schweißreste in organische Moleküle – Chemiker kennen sie als Aldehyde und Ketone. Wir glauben dann, wir riechen Metall, in Wahrheit riechen wir chemisch veränderte Schweißreste. Und die nehmen wir dann eben nicht nur auf unserer Haut wahr, sondern wenn wir diese Metallgegenstände anfassen, dann riecht auch das Metall danach.

Evolutionsbiologisch ist das insofern interessant, weil sich dieses besondere Aroma noch bei einer ganz anderen Substanz entfaltet, nämlich bei Blut. Das ist Ihnen vielleicht schon mal aufgefallen: Man hat sich in den Finger geschnitten, und weil das nächste Pflaster oder auch nur Zellstofftuch nicht in Reichweite ist, steckt man den Finger erstmal in den Mund und wundert sich, dass die Wunde leicht metallisch schmeckt. Warum? Weil das Blut – insbesondere die roten Blutkörperchen, Eisen in Form von Hämoglobin enthalten. Und wenn dieses Eisen mit Haut in Berührung kommt – und das passiert nun mal bei offenen Wunden –, kommt es zu einer Reaktion analog wie bei der Münze in der Hand, daher dieses typische pseudo-metallische „Wunden-Aroma“. Wir Menschen sind zwar nicht so gut darin, Blut bzw. offene Wunden zu riechen, aber Hunde zum Beispiel können das ganz gut – und das hängt mit der gleichen chemischen Reaktion zusammen.

Ist das dann immer der gleiche Geruch?
Der sogenannte „metallische" Geruch ist erstmal immer ähnlich. Es gibt jedoch noch einen anderen „Metall-Geruch", der nach Angaben der Forscher eher mit Gusseisen und Stahl in Verbindung steht. Manche Menschen haben das Empfinden, als würde das Eisen nach Knoblauch riechen, was erstmal merkwürdig klingt. Aber auch da ist es nicht das Eisen an sich, sondern es sind Phosphorverbindungen. Gusseisen und Stahl enthalten sowohl Phosphor als auch Kohlenstoff, und die reagieren, wiederum unter Einwirkung von Schweiß, zu organischen Phosphorverbindungen. Vor allem zwei davon – Methylphosphin und Dimethylphosphin – riechen nun mal nach Knoblauch.

Woraus bestehen die Euro-Münzen?

Das Auffallendste an den 1- und 2-Euro-Münzen ist ja, dass sie zweifarbig sind – die 1-Euro-Münze hat einen weißlich-silbernen Kern, umgeben von einem eher gelblich-goldenen Ring. Tatsächlich handelt es sich jeweils um unterschiedliche Materialien: Der Kern besteht aus einer Kupfer-Nickel-Legierung, beim „goldenen" Ring handelt es sich um Messing, wobei Messing wiederum eine Legierung aus Kupfer und Zink ist. Beim 2-Euro-Stück ist es genau umgekehrt. Da bildet das Kupfer-Nickel den Rand und das Messing den Kern: Der Ring ist weißlich, der Kern ist „golden".

Wer entscheidet so etwas und warum?

An Münzen werden alle möglichen Anforderungen gestellt. Zum einen sollen sie nicht rosten – deshalb scheidet Eisen schon mal aus. Die kleinen Cent-Münzen haben einen Kern aus Eisen, der ist aber mit Kupfer überzogen. Warum Kupfer? Da kommt das nächste Kriterium ins Spiel: Das Metall, aus dem eine Münze besteht, soll nicht teurer sein als der Wert, der am Ende auf der Münze draufsteht. Deshalb nimmt man für kleine Cent-Münzen eher das billige Kupfer und hebt sich wertvolle Legierungen für die höherwertigen Münzen auf.

Die 10-, 20- und 50-Cent-Münzen sind alle aus „Nordisch Gold" – das ist eine Verbindung aus Kupfer, Zink, Zinn und Aluminium. Also ein Material, bei dem zwar das Kupfer dominiert, das aber schon in Richtung Messing geht (Messing ist eine Legierung von Kupfer und Zink). Und bei den 1- und 2-Euro-Münzen haben wir schließlich diesen aufwendigen Aufbau aus Kern und Ring – also Messing einerseits, Kupfer-Nickel andererseits.

Gegen Nickel sind ja viele Menschen allergisch – geht es nicht ohne?

Das war eine große Diskussion, als der Euro eingeführt wurde. Nickel-Allergien waren ja schon vorher bekannt – frühere Münzen enthielten auch Nickel. Die Zentralbanken halten das Nickel trotzdem für unverzichtbar, denn es ist weitaus beständiger als etwa Kupfer. Vor allem aber erhöht es die Fälschungssicherheit. Nickel ist nämlich magnetisch. Und die recht komplizierte Art, wie in der Euro-Münze das Nickel mit dem Kupfer verarbeitet ist, sorgt dafür, dass die 1-Euro- und die 2-Euro-Münzen jeweils eine ganz eigene magnetische „Duftmarke" haben.

Bei der Euro-Münze ist der Kern wegen des hohen Nickelanteils magnetisch, der Rand aber nicht. Das spielt zum Beispiel bei Automaten eine Rolle – Fahrkartenautomaten beispielsweise prüfen ja nicht nur die Form und das Gewicht der jeweiligen Münze, sondern auch ihre magnetische Prägung. Deswegen hat die EZB damals entschieden, dass es ohne Nickel nicht geht.

Warum läuft Silber an?

Das klingt wie ein Widerspruch: Silber gilt als Edelmetall, und Edelmetalle heißen deshalb so, weil sie beständig sind und zum Beispiel nicht rosten, also nicht oxidieren. Trotzdem läuft Silber an, und dieses Anlaufen ist eine Form von Oxidation.

Unter Oxidation verstehen wir meist, dass sich ein Stoff mit Sauerstoff verbindet. Allerdings kann es in der Chemie auch andere Formen der Oxidation geben, etwa mit Schwefel. Genau das passiert mit dem Silber unter bestimmten Bedingungen. Vor allem Schwefelwasserstoff kann das Silber angreifen – Schwefelwasserstoff, chemisch: H_2S, gibt es in Spuren überall in der Luft. Es ist die Substanz, die in stärkerer Konzentration nach faulen Eiern riecht – denn auch Eier enthalten diese Schwefelwasserstoffverbindungen. Genauso wie Fisch. Und deshalb läuft Silberbesteck vorzugsweise dann an, wenn wir damit Eier oder Fisch essen.

In dieser Konstellation passiert dann bei einem Silberlöffel Folgendes: Die Oberfläche des Silbers nimmt aus dem Schwefelwasserstoff den Schwefel weg und wird zu „Schwefelsilber", also: Silbersulfid, und das hat dann diesen bräunlich-schwarzen Farbton, den wir als „angelaufen" bezeichnen. Das ist überhaupt nicht giftig, sieht aber eben nicht so schön aus.

Ist Bronze ein Edelmetall?

Nein. Bronze besitzt zwar eine wichtige Edelmetall-Eigenschaft – sie ist sehr korrosionsbeständig, oxidiert also kaum –, aber als Edelmetalle gelten nur reine Metalle; Bronze dagegen ist eine Legierung. Sie besteht zu mindestens 60 Prozent aus Kupfer (immerhin ein Halbedelmetall), der Rest sind Nicht-Edelmetalle wie Zinn, Aluminium oder Blei. Damit ist die Bronze per Definition kein Edelmetall. Sie ist übrigens auch nicht annähernd so wertvoll wie Gold oder Silber. Zum Vergleich: Wäre eine Goldmedaille aus reinem Gold (was sie nicht ist), würde sie 80-mal mehr kosten als eine entsprechende Silbermedaille und 2400-mal so viel wie eine Bronzemedaille. Aber der Preis ist für den Begriff „edel" nicht das entscheidende Kriterium, sondern die chemischen Eigenschaften.

„Echte" Edelmetalle sind Silber, Gold, Rhodium, Ruthenium, Palladium, Osmium, Iridium, Platin. Auch Quecksilber wird meist dazu gezählt. Es steht im Periodensystem direkt neben dem Gold, ist aber schon reaktionsfreudiger und deshalb ein untypisches Edelmetall.

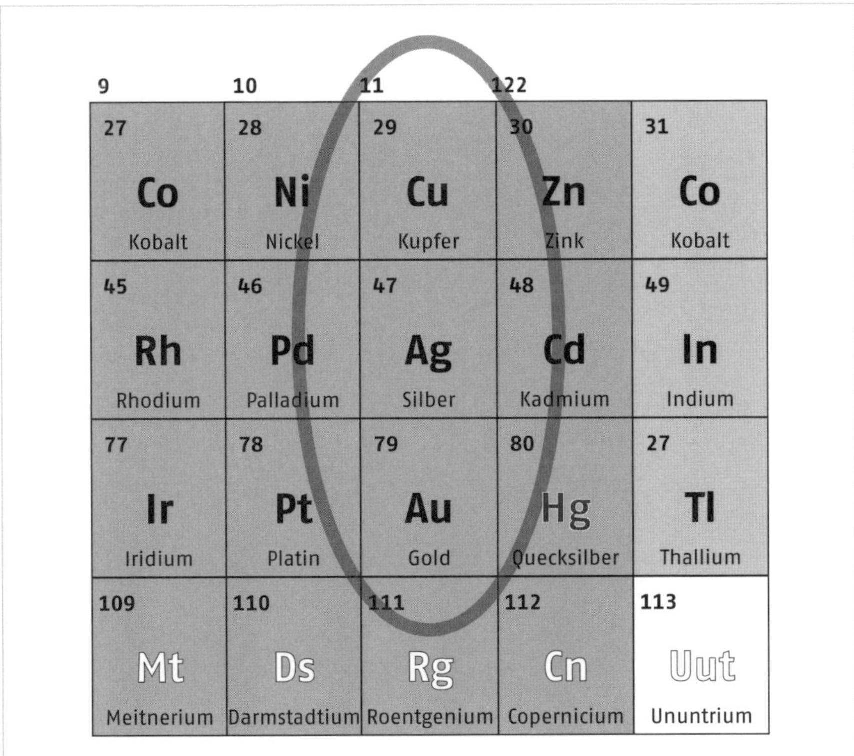

Gold, Silber, Kupfer im entsprechenden Ausschnitt des Periodensystems

Wenn man sich das Periodensystem der Elemente ansieht, wäre eigentlich eine Kupfermedaille als Auszeichnung für den dritten Platz konsequenter, denn: Gold, Silber, Kupfer – diese drei Metalle stehen direkt übereinander. Kupfer ist aber bekanntlich relativ weich und biegsam – nicht das, was man von einer stabilen Medaille erwartet. Das war ja auch der Grund, weshalb in der Frühgeschichte Bronze so bedeutsam wurde: Diese Legierung aus Kupfer und Zinn ist viel härter und somit waffentauglicher als das reine Kupfer, das man schon vorher kannte.

Warum ist Schnee weiß, obwohl Wasser durchsichtig ist?

Das hat mit den jeweiligen Oberflächen zu tun. Eine Wasseroberfläche ist normalerweise glatt – natürlich kann es im Wasser Wellen geben, aber im kleinen Maßstab ist die Oberfläche immer noch glatt. Dadurch können Lichtstrahlen eindringen. Und durchsichtig ist das Wasser deshalb, weil das Licht, auch wenn es ins Wasser eindringt, kaum mit den Wassermolekülen in Wechselwirkung tritt. Die Lichtteilchen gehen zwischen den Elementarteilchen in den Wassermolekülen einfach so durch.

Wasser ähnelt in dieser Hinsicht Glas – das ist aus dem gleichen Grund durchsichtig. Nun kann man Glas bekanntlich auch undurchsichtig und „weiß" machen, wenn man die Oberfläche aufraut. Trifft Licht auf raue Oberflächen, verhält es sich anders als bei glatten. Denn eine raue Oberfläche besteht im mikroskopischen Maßstab aus ganz vielen Unebenheiten, und die streuen das Licht. Und Schneekristalle – um es vorwegzunehmen – bilden auch eine raue Oberfläche.

Der passende Vergleich hierzu ist eine dreckige Tischtennisplatte, auf der verstreut ganz viele Sandkörner und Erdklumpen liegen. An einer solchen Platte Tischtennis zu spielen macht keinen Spaß, weil der Ball völlig unberechenbar wird und beim Auftreffen auf die Tischtennisplatte in alle möglichen Richtungen davonspringt. So ähnlich ist es, wenn viele Lichtteilchen auf eine raue Oberfläche treffen: Die fliegen auch in alle möglichen Richtungen davon. Und wenn nun viele Lichtteilchen ungeordnet von einer solchen Oberfläche wieder abprallen, dann erscheint diese Fläche weiß.

Es entsteht dann auch kein Bild wie bei einem Spiegel, wo die Strahlen geordnet („Einfallswinkel gleich Ausfallswinkel") reflektiert werden. Da die Strahlen an einer rauen Oberfläche in alle möglichen Richtungen reflektiert werden, ergibt sich kein Muster, nur eine weiße Fläche. Weiß ist gewissermaßen das „Rauschen" der Optik.

Und so ist das auch beim Schnee. Dieser besteht bekanntlich aus vielen kleinen Kristallen, die aber keine geschlossene Oberfläche bilden, sondern – mikroskopisch betrachtet – eine sehr raue Oberfläche, an der die Lichtstrahlen hin- und hergeworfen, gebrochen und gestreut werden. Deshalb erscheint der Schnee weiß, obwohl er aus dem gleichen Material besteht wie flüssiges Wasser.

Warum zieht Schwarz die Hitze an?

Das lässt sich leicht beantworten, wenn man die Gegenfrage stellt: Wann ist eine Oberfläche schwarz? Sie ist dann schwarz, wenn sie das Licht, das auf sie fällt, vollständig schluckt – absorbiert – und mit dem Licht auch die darin enthaltene Energie. Während eine weiße Oberfläche einen Großteil des Lichts reflektiert und damit die Energie wieder abgibt.

Wenn eine Oberfläche Licht absorbiert, bedeutet das vor allem, dass die eintreffenden Lichtstrahlen in Wechselwirkung treten mit den Atomen an der betreffenden Oberfläche. Die Physik erlaubt es ja, dass man sich das Licht als Teilchen vorstellt. Viele kleine Photonen, die auf die Oberfläche auftreffen. Ist eine Oberfläche hell, bedeutet das, dass ein großer Anteil dieser Photonen an der Oberfläche wieder abprallt. Ist ein Material dagegen dunkel, dann heißt das in der Regel, dass die Lichtteilchen die Atome im Material anregen bzw. in Schwingungen versetzen. Das Lichtteilchen gibt also seine Energie ab und fliegt folglich nicht mehr davon. Die Energie bleibt im Material, und das wärmt sich auf diese Weise auf. So ungefähr kann man sich das vorstellen.

Warum ist Feuer rot-gelb?

Das „Rot-Gelbe“, das wir in den Flammen am Kaminfeuer oder in der Kerze sehen, ist nichts anderes als glühender Ruß. Mit dem Verbrennungsprozess als solchem hat die Farbe nur insofern zu tun, als die Verbrennung die Hitze liefert, die die Rußteilchen zum Glühen bringt.

Wenn wir Holz oder – in einer Kerze – Wachs verbrennen, wird der darin enthaltene Kohlenstoff oxidiert. Diese chemische Reaktion ist das Wesen der Verbrennung: Kohlenstoff verbindet sich mit dem Sauerstoff in der Luft. Dadurch entsteht als Abfallprodukt vor allem Kohlendioxid und Kohlenmonoxid – also Gase. In einer normalen Flamme ist aber die Sauerstoffzufuhr oft eingeschränkt, dadurch erfolgt die Verbrennung unvollständig – es bleibt immer eine Menge Kohlenstoff übrig, der nicht oxidiert – das ist der Ruß.

Gleichzeitig setzt die Oxidation Wärme frei. So entstehen in der Flamme Temperaturen von 1200 bis 1400 °C. Bei dieser Hitze wiederum fangen die Rußteilchen an zu glühen – das ist das Gelb-Rote, was wir sehen.

Die Frage ist nun: Warum sieht etwas überhaupt rot aus, wenn es heiß wird und glüht? Im Regelfall ist das die sogenannte Schwarzkörper-Strahlung. Das klingt widersprüchlich, weil der Körper ja gerade nicht schwarz, sondern rot ist. Der Ausdruck soll aber besagen, dass diese Strahlung unabhängig ist von der Farbe, die ein Gegenstand sonst hat. Jeder Körper sendet je nach Temperatur eine gewisse Grundstrahlung aus. Meist sehen wir die nicht, weil sie nicht im Bereich des sichtbaren Lichts liegt. Aber ab einer Temperatur von etwa 1200 °C nimmt diese Grundstrahlung eine rot-gelbe Farbe an; wenn der Körper noch heißer wird, kommen immer mehr bläuliche Anteile dazu, sodass der Körper insgesamt weißer wird.

Blaue Flammen sind ein Zeichen dafür, dass der Brennstoff vollständig verbrannt wird und eben kein Ruß entsteht. Manche Stoffe nehmen jedoch auch eine spezifische Farbe an, wenn sie verbrennen. Wir kennen das vom Feuerwerkskörper, wo verschiedene Metalle verwendet werden, um am Himmel bestimmte Farben zu erzeugen. Das ist aber dann keine „Glüh-Farbe“, sondern da entsteht die Farbe aus einer chemischen Reaktion heraus.

Warum gilt rotes Licht als „warm“, obwohl es doch energieärmer ist als blaues?

Rotes und blaues Licht unterscheiden sich in der Energiedichte, sie befinden sich jeweils auf den entgegengesetzten Seiten des Regenbogens. Blaues Licht schwingt fast doppelt so schnell wie rotes und hat eine entsprechend kürzere Wellenlänge. Und weil es schneller schwingt, sind die Lichtteilchen auch energiereicher. Trotzdem wirkt rotes Licht wärmer.

Das ist der Unterschied zwischen Physik und Psychologie. Wie eine Farbe auf uns wirkt, hängt eben nicht davon ab, ob die entsprechenden Strahlen energiereich sind oder nicht, sondern davon, wie unser Gehirn Signale verarbeitet. Und gerade bei Farben spielen da vermutlich ganz archaische Assoziationen eine Rolle.

Rot, gelb und orange – das sind die Farben des Feuers, der Glut. Rot erscheint die Sonne am Abendhimmel. Und Rot ist auch die Farbe des Blutes. Blut bedeutet Wärme: Wenn uns heiß ist und die Finger warm sind, sind sie rot. Das alles war schon bei unseren frühen Vorfahren so, deshalb ist die Assoziation rot = warm wohl ganz tief in unserem Wahrnehmungsapparat verankert. Was ist umgekehrt, wenn wir überlegen, blau gefärbt? Blau erscheint zum Beispiel das Meer – das meist eher kühl ist. Blau ist der Himmel, also die Luft in den Höhen. Blau sind Eiszapfen und erfrorene Zehen – alles kühl.

Jetzt kann man sogar noch weiter gehen und sagen: Rotes Licht ist nicht nur psychologisch warm, sondern auch physikalisch – wenn wir zum Beispiel an Infrarotlampen denken, die wärmen ja wirklich. Sie werden im medizinischen Bereich eingesetzt. Bei UV-Licht muss man wesentlich vorsichtiger sein; es ist zwar wesentlich energiereicher, aber das drückt sich eben nicht in fühlbarer Wärme aus, sondern in aggressiven Strahlen, die zum Teil die Haut schädigen und Krebs verursachen können

Was ist die Chaostheorie?

Die „Chaostheorie“ ist, anders als man meinen könnte, keine Theorie vom Chaos. „Theorie“ und „Chaos“ sind im Grunde schon ein Widerspruch in sich. Ein Chaos ist ein Zustand, der keinen erkennbaren Regeln folgt, in dem sich kein Muster erkennen lässt. Könnte man diesen Zustand mit einer Theorie beschreiben oder gar berechnen, wäre es kein Chaos mehr. Deshalb ist das totale Chaos für die „Chaosforschung“ eigentlich uninteressant – sie interessiert sich vielmehr für die Ordnung im vermeintlichen Chaos oder eben auch vom Übergang von Ordnung zu Chaos.

Hierfür gibt es ein paar klassische Beispiele, etwa den tropfenden Wasserhahn. Wenn er tropft, dann tropft er meist im Takt; zwischen zwei Tropfen vergeht immer gleich viel Zeit. Wir können nun den Wasserhahn immer ein kleines Stückchen aufdrehen. Dann wird der Abstand zwischen zwei Tropfen kürzer, wobei manchmal, wenn man genau hinguckt, die Tropfen aus dem Takt geraten. Wenn man noch weiter aufdreht, geht das Tropfen in einen geordneten Wasserstrahl über – mit geordnet meine ich, dass der Strahl eine klar erkennbare Form hat. Von außen betrachtet wirkt er glasig-transparent. Dreht man weiter auf, wird er plötzlich turbulent und unberechenbar. Manchmal wechselt der Wasserstrahl aber auch zwischen mehreren Zuständen hin und her. Zum Beispiel, dass in unregelmäßigen Abständen plötzlich noch ein Seitenspritzer rauskommt, der dann eine Sekunde später wieder verschwindet. Das heißt, selbst wenn der Wasserstrahl scheinbar ungeordnet-chaotisch ist, gibt es stabile Zwischenzustände, zwischen denen er hin- und herwechselt.

Genau für solche Phänomene interessiert sich die Chaosforschung: Wann und wie gehen Prozesse von einem geordneten in einen ungeordneten Zustand über? Und mithilfe der Mathematik versuchen sie dann, immer wiederkehrende Muster im Chaos zu erkennen und zu beschreiben.

Ein anderes Beispiel ist das Wetter. Wir wissen, das Wetter lässt sich heue kaum länger als 3 Tage voraussagen, weil sich dabei so viele Faktoren gegenseitig beeinflussen, dass das Wetter als ein chaotisches System angesehen werden kann. Aber wir wissen auch, dass es in jeder Region bestimmte typische stabile Wetterlagen gibt, die immer wiederkommen. Das kann man mathematisch beschreiben, und dann findet man eben doch eine Ordnung im Chaos. Ein wichtiges Merkmal chaotischer Prozesse ist, dass kleine Veränderungen in den Ausgangsbedingungen zu völlig unterschiedlichen Endbedingungen führen können.

An dieser Stelle denken viele an den oft zitierten Schmetterlingseffekt – die Behauptung, dass der Flügelschlag eines Schmetterlings in Australien das Wetter bei uns verändern kann. Von der Idee her gehört auch das in die Chaostheorie. In der ursprünglichen Formulierung war es übrigens ein Schmetterling in Brasilien, der einen Wirbelsturm in Texas auslöst. Man muss sich aber klar sein, dass das immer nur ein Bild war, um einen Gedanken zu veranschaulichen.

Es wäre deshalb völlig falsch zu sagen: „Die Chaosforschung besagt, dass ein Schmetterling das Wetter auf der anderen Seite der Erde beeinflussen kann." Das war immer nur eine Metapher und nicht etwa die Kernbotschaft der Chaostheorie. Eine solche gibt es auch gar nicht – der Begriff Chaostheorie ist in der Wissenschaft eher unüblich. Denn es gibt nicht die eine Theorie, sondern bei der Chaosforschung handelt es sich eher um ein Sammelsurium verschiedener mathematischer Werkzeuge – und keineswegs um ein großartiges welterklärendes Theoriegebäude wie die Relativitäts- oder die Evolutionstheorie.

Warum entstehen in einem Wasserkocher so laute Geräusche?

Das Rauschen entsteht durch Dampfbläschen. Stellen Sie sich plastisch vor, was im Wasserkocher passiert: Das Wasser wird von unten durch eine Heizspirale oder eine elektrische Bodenplatte erhitzt. Diese Bodenplatte ist, je nach Modell, mehrere Hundert Grad heiß – sonst könnte sie das Wasser nicht auf 100 °C erhitzen. Die Wasserschicht, die sich unmittelbar über dieser heißen Bodenplatte befindet, heizt sich deshalb sehr schnell auf weit über 100 °C auf. Dadurch geht ein Teil dieses untersten Wassers in den gasförmigen Zustand über – aus Wasser wird Dampf.

Dieser Dampf bildet nun viele kleine Blasen, die aufsteigen. Wenn aus Wasser Dampf wird, ist damit eine enorme Ausdehnung verbunden – die Bildung jedes einzelnen Dampfbläschens geht somit einher mit einer winzig kleinen Explosion innerhalb des Wassers. Diese Explosion wiederum erzeugt eine Druckwelle – damit haben wir die erste Quelle für das Rauschen.

Aber es geht noch weiter: Diese Bläschen steigen auf und gelangen, da das Wasser in den darüber befindlichen Schichten kühler ist, gleich wieder in eine kältere Umgebung. Also kühlt sich der Wasserdampf im Gasbläschen wieder ab, der Dampf kondensiert und das Bläschen bricht in sich zusammen, noch bevor es die Oberfläche erreicht. Dieses Implodieren der Bläschen ist eine weitere Schallquelle. Sowohl die Ex- als auch die anschließende Implosion tragen also zum lauten Rauschen bei.

Und warum wird es dann wieder leiser, wenn das Wasser kocht?

Weil dann das gesamte Wasser von oben bis unten mehr oder weniger gleich heiß ist. Die Gasbläschen steigen weiter auf, aber oben ist das Wasser auch heiß. Deshalb bleiben sie erhalten und implodieren nicht. Während sie aufsteigen, vereinigen sie sich mit anderen Bläschen zu großen Blasen. Wenige große Blasen erzeugen jedoch beim Aufsteigen weniger Schall und gleichzeitig eine tiefere Tonfrequenz als viele kleine Bläschen. Und je heißer das Wasser wird, desto eher schaffen es die Bläschen bis an die Oberfläche. Deshalb wird das Rauschen vor allem in dem Moment leiser, in dem das Wasser anfängt zu blubbern und zu sprudeln – eben weil die Gasbläschen dann zwar sichtbar, aber leise an der Oberfläche austreten und nicht mehr im Wasser selbst implodieren.

Kann man Wasser nur durch Schütteln zum Kochen bringen?

Ja, das geht – allerdings wäre es eine sehr mühselige Angelegenheit und als Energiequelle für Glühweinpartys nicht zu empfehlen. Sie müssten dazu nämlich schon ein paar Tage lang ständig kräftig schütteln und dabei das Gefäß isolieren, damit es all die schöne Wärme nicht gleich wieder nach außen abgibt. Aber im Prinzip kann man Wasser wirklich durch Schütteln erhitzen. Und wenn Sie dieses Experiment vor 170 Jahren durchgeführt hätten, wären Sie jetzt berühmt. Denn es waren just Experimente zu genau dieser Frage, die zu einem der wichtigsten Sätze der Physik geführt haben: dem Energieerhaltungssatz.

Dieser Satz besagt, dass sich die Gesamtmenge der Energie in einem geschlossenen System nicht ändert. Man kann also keine Energie „erzeugen", sondern es gibt verschiedene Arten von Energie – Bewegungsenergie, Wärmeenergie, elektrische Energie und so weiter, die man ineinander umwandeln kann. Aber in der Summe geht keine Energie verloren.

Bei der Entdeckung dieses Prinzips hat sowohl das „geschüttelte Wasser" eine entscheidende Rolle gespielt als auch der Naturforscher Robert Mayer aus Heilbronn. Er war eigentlich Arzt und hätte sich mit Physik vielleicht gar nicht so viel beschäftigt, wenn ihm nicht ein bisschen langweilig gewesen wäre. Er hatte nämlich eine Anstellung als Schiffsarzt auf einem Überseedampfer nach Batavia; das ist das heutige Jakarta. Und auf diesem Schiff, das Wind und Wetter ausgesetzt war, machte er sich alle möglichen Gedanken über die Physik und die Naturkräfte. Er meinte zum Beispiel festzustellen, dass bei starkem Seegang das Wasser im Schnitt wärmer sei als bei ruhiger See. Davon ausgehend überlegte er weiter, wie sich das denn so verhält mit der Reibung und der Wärme. Damals war schon bekannt, dass Metallplatten warm werden, wenn man sie aneinander reibt, aber es war noch nicht so richtig klar, warum sie das tun.

Robert Mayer hat dann einen Versuch dazu gemacht: Er hat Wasser geschüttelt und das Experiment in einem Aufsatz von 1842 beschrieben. Leider schreibt er weder, wie viel Wasser er benutzt hat, noch, wie lang und wie intensiv er es geschüttelt hat. Aber er schreibt, dass er es von 12 auf 13 °C erwärmen konnte und dass es sich auch entsprechend ausgedehnt habe. Und das war für ihn der Schlüssel zu der These, dass mechanische Arbeit und Wärme äquivalent sind, dass sich also mechanische Arbeit in Wärme umwandeln lässt. Er hat sogar einen ersten Umrechnungsfaktor angeführt:

> *„Es ergiebt sich, dass […] dem Herabsinken eines Gewichtstheiles von einer Höhe ca. 365 m die Erwärmung eines gleichen Gewichtstheiles Wasser von 0° auf 1° entspricht.“*

Den Begriff Energie hat er dabei übrigens gar nicht verwendet. Heute würde man sagen: Wenn eine Masse von 365 Metern Höhe zu Boden fällt, wird dabei die Bewegungsenergie frei, die ausreichen würde, um die gleiche Masse Wasser um 1 °C zu erwärmen. Robert Mayer hat sich zwar ein bisschen mit dem Wert vertan, aber für eine erste Annäherung war das gar nicht schlecht. Und ausgehend von dieser Überlegung war er einer der ersten, die einen Energieerhaltungssatz formuliert haben, ohne das Wort Energie in den Mund zu nehmen. Seine Formulierung war:

> *„Fallkraft, Bewegung, Wärme, Licht, Elektrizität und chemische Differenz der Ponderabilien sind ein und dasselbe Objekt in verschieden Erscheinungsformen.“*

Wenn man das Wasser schüttelt, findet die Reibung zwischen den unzähligen einzelnen Wassermolekülen statt. Ist es nicht ziemlich schwer zu ermitteln, wie viel Reibung da in der Summe entsteht?
Es klingt kompliziert, ist aber eigentlich simpel. Beim Schütteln passiert ja nichts anderes, als dass ich eine äußere Kraft auf die unzähligen kleinen Wasserteilchen übertrage. Man kann das verdeutlichen an einem anderen Experiment, das ein Engländer ein Jahr nach Robert Mayer durchgeführt hat: Er hat klar definierte Gewichte zu Boden sinken lassen und über ein Gewinde damit ein Gefäß mit Wasser zum Drehen gebracht – er hat das Wasser also gerührt und nicht geschüttelt. Und gerade weil die Wasserteilchen sich dauernd aneinander reiben, entsteht nicht nur Wärme, sondern das Wasser kommt auch irgendwann wieder zum Stillstand.

Man muss jetzt allerdings nicht die Bewegung und die Reibung jedes einzelnen Wasserteilchens ausrechnen, sondern es ist klar: Die von außen zugeführte Kraft der Gewichte verteilt sich auf die Bewegung der vielen einzelnen Wasserteilchen. Und wenn die zum Stehen gekommen sind, ist ihre Bewegungsenergie wiederum in Reibungsenergie, sprich Wärme übergegangen. Der englische Physiker, der dieses etwas genauere Experiment durchgeführt hat, war übrigens James Prescott Joule – Namensgeber der heute international gültigen Maßeinheit für die Energie.

Gibt es wirklich nur die drei Aggregatzustände fest, flüssig und gasförmig?

Es gibt schon noch mehr, aber diese drei sind diejenigen, die unter Alltagsbedingungen auftreten, in denen wir es mit „normalen", das heißt intakten Atomen bzw. Molekülen zu tun haben.

Was diese drei Zustände unterscheidet, ist die Art, wie die Moleküle zusammen hängen. Im gasförmigen Zustand sind die einzelnen Moleküle nicht miteinander verbunden, jedes Molekül fliegt in seinem eigenen Tempo durch die Gegend, unabhängig davon, was die anderen machen. In Flüssigkeiten sind die Moleküle zwar miteinander verbunden, können sich aber gegeneinander verschieben. Sie wechseln sozusagen ständig ihre Nachbarn. Zwar bleiben sie nicht an einem Ort, aber sie entfernen sich auch nicht aus dem Verbund. Bei Festkörpern dagegen sind die Moleküle ortsfest und oft in einer Art Gerüst angeordnet. Die Moleküle wackeln zwar ein bisschen – das ist die Brown'sche Molekularbewegung –, aber sie entfernen sich letztlich nicht von der Stelle, sondern bilden ein relativ starres Gitter. Dadurch ist die Materie fest und zerfließt nicht. Diese drei Aggregatzustände sind uns vertraut, weil normale Moleküle auch keine anderen Alternativen haben: Entweder sie sind miteinander verbunden oder nicht – oder eben ein bisschen.

Materie muss immer zwingend in Form intakter Moleküle und Atome vorliegen. Tut es sie nicht, können durchaus andere Zustände angenommen werden bzw. man kann sie technisch erzeugen – zum Beispiel: Plasma.

Ein Plasma ähnelt einem normalen Gas mit dem Unterschied, dass die Atome und Moleküle zerfallen sind in geladene Teilchen. Auch die Elektronen sind nicht mehr im Atomverbund, sondern fliegen eigenständig umher. Ein solches Plasma hat deshalb besondere Eigenschaften – es kann beispielsweise Strom leiten oder Licht emittieren. Daher betrachten es viele auch als einen eigenen Aggregatzustand. Solche Plasmen kann man unter irdischen Bedingungen noch relativ leicht erzeugen – sonst gäbe es ja keine Plasmabildschirme.

Neutronensterne wiederum sind ein Beispiel für einen Materiezustand, der nur unter Extrembedingungen im Weltraum vorkommt: Neutronen kennen wir normalerweise als Teil von Atomen. Sie bilden zusammen mit den Protonen den Atomkern, während die Atomhülle aus Elektronen besteht. Die Materie in einem Neutronenstern besteht dagegen nicht aus Atomen, sondern aus lauter Neutronen. Wie kann das sein?

Neutronensterne entstehen, wenn ein relativ schwerer Stern in sich zusammenfällt. Der Druck kann dann so groß werden, dass auch die Atome kollabieren. Dabei werden die Elektronen mit den Protonen zu lauter Neutronen zusammengepresst, sodass von den Atomen nur die Neutronen übrig bleiben. Dass das eine besondere Materieform ist, merkt man schon am Gewicht: Ein Kubikzentimeter eines Neutronensterns wiegt nämlich 100 Millionen Tonnen!

Es gibt noch weitere Materieformen jenseits der klassischen Aggregatzustände – aber das sind schon mal zwei davon.

Wie misst man Temperaturen am absoluten Nullpunkt?

Der absolute Nullpunkt liegt bei –273,15 °C. Das weiß man jetzt allerdings nicht deshalb, weil man den schon mal mit einem Thermometer gemessen hätte; den absoluten Nullpunkt kann man nur berechnen. Dazu gibt es verschiedene Wege.

Schon im 17. Jahrhundert hat man beobachtet, dass sich ein Gas ausdehnt, wenn man es erwärmt. Wenn man es abkühlt, zieht es sich zusammen. Das folgt einem ziemlich einfachen Gesetz: Je niedriger die Temperatur, desto kleiner das Volumen. Als man diesem Zusammenhang auf die Schliche kam, konnte man ausrechnen: Wie kalt müsste ein Gas sein, damit das Volumen auf null zusammenschrumpft? Da kam man auf einen Wert von –240 °C. Wohlgemerkt: Das waren rein theoretische Berechnungen, niemand hat diese Temperatur auch nur annähernd irgendwo „gemessen".

Für das Jahr 1699 war das schon eine ganz gute Schätzung. Bald war allerdings klar, dass die Rechnung so nicht funktioniert. Denn man kann sich zwar vorstellen, dass ein Gas schrumpft – aber dass das Volumen „null" beträgt, würde ja bedeuten, dass das Gas gar nicht mehr vorhanden wäre. Das ist erstens unlogisch und zweitens realitätsfremd. Denn jedes Gas wird beim Abkühlen ab einer bestimmten Temperatur etwas ganz anderes machen, nämlich seinen Aggregatzustand ändern, sich also verflüssigen oder sogar gefrieren.

Man hat den absoluten Nullpunkt dann auf eine andere Art ermittelt. Temperatur ist ja, physikalisch betrachtet, ein Ausdruck für die durchschnittliche Bewegung der einzelnen Teilchen. Beim Gas sind es die Bewegungen der einzelnen Moleküle, in einem Festkörper das Zappeln der Atome. Alle Atome haben eine Eigenbewegung, und auch diese Eigenbewegung wird immer langsamer, je kälter es wird. So hat man dann gesagt: Der absolute Nullpunkt wäre dann erreicht, wenn die Eigenbewegung aufhört, wenn sich die Atome nicht mehr bewegen, also alles total eingefroren ist.

Und da hat man auch – zunächst wieder nur rechnerisch – den Wert –273,15 Grad Celsius als „absoluten Nullpunkt" ermittelt. Und parallel hat man Verfahren entwickelt, um immer niedrigere Temperaturen zu erreichen. Man hat Gase verflüssigt, sogar Wasserstoff und Helium, was wirklich eine große Leistung war: Man muss Helium auf 4 Grad über dem absoluten Nullpunkt – also –269 °C – runterkühlen, damit es sich verflüssigt. Das ist gelungen, man kann heute im Labor Temperaturen von Bruchteilen von Graden über dem absoluten Nullpunkt erzeugen. Man weiß aber auch: Man kann diesem Nullpunkt zwar beliebig nahe kommen, doch erreichen kann man ihn nicht.

Aber wie misst man überhaupt die Temperaturen von so kalten Gasen?
Das geht natürlich nicht mit der Art von Thermometern, die wir kennen. Die beruhen ja darauf, dass sich eine Flüssigkeit unter Temperatureinfluss ausdehnt bzw. zusammenzieht. Bei so tiefen Temperaturen ist aber Quecksilber, oder was man sonst nehmen kann, längst gefroren.

Tiefere Temperaturen kann man bestimmen, indem man einen Platindraht hinzufügt und den elektrischen Widerstand misst. Auch das ist ein physikalisches Gesetz: Je kälter der Draht, desto schwächer der Widerstand. Doch diese Methode hat ebenfalls Grenzen. Wenn man dem absoluten Nullpunkt schon ganz nah ist, etwa bei 0,1 Grad über dem Nullpunkt, dann nutzt man spezielle Kristalle, die radioaktives Kobalt enthalten. Das Kobalt zerfällt mit einer bestimmten Rate zu Nickel, dabei entsteht Gammastrahlung. Und je weniger Gammastrahlung man misst, desto näher ist man dem absoluten Nullpunkt gekommen.

Wie wird ein Smartphone gekühlt?

So wie ein Notebook erwärmt sich ein Smartphone, wenn es stark beansprucht wird. Nicht nur die immer leistungsstärkeren Prozessoren setzen Energie um, sondern auch das eingebaute Modem, das die Mobilfunkverbindungen herstellt. Der Kühlungsbedarf bei Smartphones ist so in den letzten Jahren weiter gestiegen. Doch anders als bei einem Notebook läuft bei einem Smartphone kein Gebläse an, wenn es warm wird.

Stand der Technik ist eine sogenannte Heatpipe, also ein Röhrchen, das die Wärme von innen nach außen abführt. Konkret sieht das so aus: Im Inneren des Smartphones befindet sich nahe dem Prozessor eine längliche Mulde. In ihr wiederum liegt ein Kupferdraht – gerade mal einen halben Millimeter dünn. Er ist umgeben von einem Kupfergewebe. Zwischen Draht und Gewebe befindet sich eine Flüssigkeit, die verdampft, wenn sie sich erwärmt.

Verdampfende Flüssigkeiten entziehen der Umgebung Wärme – das führt zu einer Abkühlung. Allerdings ist natürlich nicht unendlich viel Flüssigkeit vorhanden, die verdampfen könnte. Deshalb ist zusätzlich eine Zirkulation eingebaut: Der beim ersten Verdunsten entstandene Dampf strömt, da er sich naturgemäß beim Erhitzen ausdehnt, an das kühlere Ende des Wärmeröhrchens, wo er wieder kondensiert und die Wärme nach außen abgibt – und das alles auf kleinstem Raum.

Warum benötigen Schallwellen ein Medium, während sich Wärme-, Licht- oder Radiowellen auch im Vakuum ausbreiten?

Schallwellen sind im Grunde Druckwellen. Wenn jemand in eine Trompete bläst, dann macht die Trompete mit der Luft das Gleiche wie ein Saunameister, der das Handtuch schwingt und so einen kurzen Windstoß erzeugt, der sich durch den Raum ausbreitet: Der Trompeter bringt die Luftsäule im Instrument zum Schwingen, und diese Schwingungen übertragen sich auf die Luft.

Der Unterschied zum Saunameister ist: Die Trompete erzeugt nicht nur *einen* Windstoß, eine Druckwelle, sondern Hunderte kleine in jeder einzelnen Sekunde. Man kann sich das so vorstellen, dass die Luft kurz verdichtet wird und sich kurz darauf wieder entspannt. Dabei gibt sie die Energie – den Druck – an die benachbarte Luftschicht wieder ab. Diese Druckwellen sind so schwach, dass wir sie nicht als Windstoß spüren. Dafür ist unser Ohr darauf ausgelegt, diese schwachen Druckwellen wahrzunehmen, sie in Nervenimpulse zu verwandeln, aus denen unser Gehirn wiederum etwas erzeugt, was wir als „Töne" wahrnehmen. Je schneller die Luft schwingt, je höher die Frequenz, desto höher ist der Ton.

Das Entscheidende dabei: Für die Schallübertragung ist Luft bzw. allgemein ein Medium nötig. Es kann auch Wasser oder sonst etwas sein, aber es muss eine Masse geben, die sich verdichten und entspannen kann. Sonst kann sich der Schall nicht fortpflanzen.

Wärme und Radiowellen dagegen sind elektromagnetische Wellen, genau wie Licht- oder Röntgenstrahlung. Sie breiten sich anders aus. Bei Druck- oder Stoßwellen wackelt die Luft gewissermaßen ganz schnell „vor und zurück". Physiker sprechen hier von „Longitudinalwellen" – weil sich Druckwellen durch die Länge des Raums ausbreiten. Elektromagnetische Wellen haben mehr Ähnlichkeit mit einem Seil, das man durch Auf-und-ab-Bewegungen zum Schwingen bringt, sodass das Seil Wellen bildet, die sich durch den Raum fortpflanzen. Hier sprechen Physiker von Transversalwellen. So ein Seil könnte man auch im Vakuum – oder im Weltraum – zum Schwingen bringen; dazu braucht es kein äußeres Medium. Und so ungefähr kann man sich das auch mit elektromagnetischen Strahlen vorstellen. Deren Schwingungen ähneln mehr denen eines schwingenden Seils als einer Druckwelle in der Luft oder im Wasser; deshalb brauchen sie kein Medium.

Nun gibt es bei Radiowellen, Licht- oder Wärmestrahlen aber bekanntlich kein „Seil" – was schwingt denn da?

Was schwingt, sind die elektrischen und magnetischen Felder. Die sind natürlich nicht ganz so anschaulich wie ein Seil. Wir kennen das Magnetfeld der Erde – das ist ein großes Feld, das sich um den Globus spannt. Genau sind uns elektrische Felder zum Beispiel zwischen positiv und negativ geladenen Teilchen bekannt. Und diese Felder gibt es eben auch im Kleinen – und sie können schwingen. Je nachdem, wie schnell sie schwingen, handelt es sich um Wärmestrahlung, um Radiowellen, Licht oder um Röntgenstrahlen. Das ist abstrakt, aber die Art der Welle ist in beiden Fällen die gleiche wie die Welle, die sich entlang eines schwingenden Seils fortpflanzt. Deshalb braucht sie – anders als der Schall – kein äußeres Medium.

In einem Tunnel ist der Radioempfang beim Reinfahren oft besser als beim Rausfahren – warum?

Wenn Sie in einen längeren Tunnel einfahren, kann es tatsächlich passieren, dass Sie noch nach 50 bis 100 Metern Empfang haben. Jetzt könnte man denken, dass der Empfang am Ende des Tunnels schon 50 bis 100 Meter vor der Ausfahrt wiederkommt; tut er aber nicht.

Ein möglicher Grund ist die Position der Antenne. Manche Antennen sind hinten am Auto montiert, etwa an der Heckscheibe. Auch Antennen auf dem Dach sind oft nach hinten ausgerichtet. Diese Antennen empfangen Radiowellen von hinten besser als von vorne. Und wenn Sie in einen Tunnel fahren, kommen die Radiowellen nun einmal von hinten, deshalb hält der Empfang an. Wenn ich dagegen hinausfahre, kommen die Wellen von vorne und werden nicht so gut empfangen.

Das kann ein Grund sein. Ein zweiter Grund ist, dass Autoradios oft so eingestellt sind, dass sie, wenn der Empfang weg ist, anfangen zu suchen, ob sie den Sender auf einer alternativen Frequenz finden können. Das führt zu folgender Situation: Sie fahren in den Tunnel, der Empfang ist noch gut und bleibt so lange erhalten, bis das Signal endgültig weg ist. Dann fängt das Radio an, nach alternativen Frequenzen zu suchen. Irgendwann nähern Sie sich wieder Ausgang. Dort ist das Signal zwar schon wieder da – aber das Radio sucht vielleicht gerade in einem ganz anderen Frequenzbereich und findet den eingestellten Sender erst mit Verzögerung. Auch das kann ein Grund für diese ungleiche Situation beim Rein- und Rausfahren sein.

Manchmal kommt es sogar vor, dass ein Radioprogramm im ganzen Tunnel zu empfangen ist, ein anderes gar nicht. Das liegt meist daran, dass in diesem Tunnel ein zusätzlicher Sender installiert ist, speziell für die Autofahrer. Aber dieser Sender verbreitet in der Regel nur ein bis zwei Programme, vor allem solche mit Verkehrsfunk. Welche Programme das sind, das entscheidet der Tunnelbetreiber, also meist die Stadt oder das jeweilige Land.

Warum ist es im Gotthardtunnel so warm?

Es stimmt: Selbst wenn man im tiefsten Winter durch den Gotthardtunnel Richtung Italien fährt, herrschen im Tunnel hochsommerliche Temperaturen. Das ist die Erdwärme!

Man könnte zunächst glauben, dass es vor allem die Abwärme der Autos ist, die sich im Tunnel staut und die hohen Temperaturen erzeugt. Doch dass das nicht sein kann, wird leicht klar: Erstens sind Autos, die in den Tunnel hineinfahren zwar warm, aber auch nicht so warm, dass sie den Tunnel dermaßen aufheizen können. Im Winter schon gar nicht. Wenn sie im Leerlauf stehen, mögen sie eine warme Kühlerhaube haben, die ebenfalls Wärme an die Umgebung abgibt. Das würde allerdings nicht reichen, denn der Rest des Autos und seiner Karosserie ist kalt. Und die Luft im Tunnel kann durch die Abwärme nicht wärmer werden als die Autos selbst sind.

Das zweite Gegenargument: Nicht nur der Autotunnel ist innen warm, sondern auch der Eisenbahntunnel – wo überhaupt keine Fahrzeuge mit Verbrennungsmotoren unterwegs sind. Und doch liegen im neuen Gotthard-Basistunnel die Temperaturen bei 40 °C und mehr. Und sie wären noch höher, wenn der Tunnel nicht entlüftet und auf diese Weise gekühlt würde.

Diese Wärme kommt tatsächlich aus dem Erdinneren. Denn die Temperatur nimmt in der Erdkruste alle 100 Meter um 3 °C zu. Beim Gotthard liegen mehr als 1100 Meter Gebirge über dem Autotunnel – das entspricht also einer Temperaturzunahme gegenüber der Oberfläche von mehr als 30 °C. Beim neuen Gotthard-Basistunnel ist das Gebirge mehr als doppelt so mächtig – da sind es mehr als 2400 Meter – deshalb wird es darin noch wärmer.

Jetzt könnte man denken: „Wieso eigentlich? Nur weil da ein hohes Gebirge drüber liegt, sind die Tunnel deshalb doch noch nicht näher am Erdmittelpunkt." Das stimmt zwar, doch entscheidend ist, dass das Gesteinspaket eine dicke Isolationsschicht darstellt. Von unten kommt immer Wärme nach – je mehr Gestein drüber liegt, desto schlechter wird diese Wärme abgeführt. Deshalb wird es im Tunnel so warm. Das ist übrigens auch eine technische Herausforderung: Im Basistunnel müssen die Gleiskörper und die Strom-Leitungen diese Temperaturen auf Dauer aushalten, genauso wie im Autotunnel der Straßenbelag. Alles machbar – aber die Temperaturen müssen berücksichtigt werden.

Wenn man nachts den Autorückspiegel kippt, dunkelt er die Sicht ab – wie geht das?

Dieser Trick lässt sich am besten verstehen, wenn wir daran denken, was passiert, wenn wir nachts in einem beleuchteten Zimmer stehen und durchs Fenster nach draußen schauen wollen. Was sehen wir? Vor allem: uns selber – weil Glasscheiben eben nicht hundertprozentig lichtdurchlässig sind, sondern immer auch einen gewissen Teil spiegeln. Und wenn draußen im Dunkeln nichts zu sehen ist, sehen wir vor allem das, was sich spiegelt. Mit diesem Effekt funktioniert der abgedunkelte Rückspiegel.

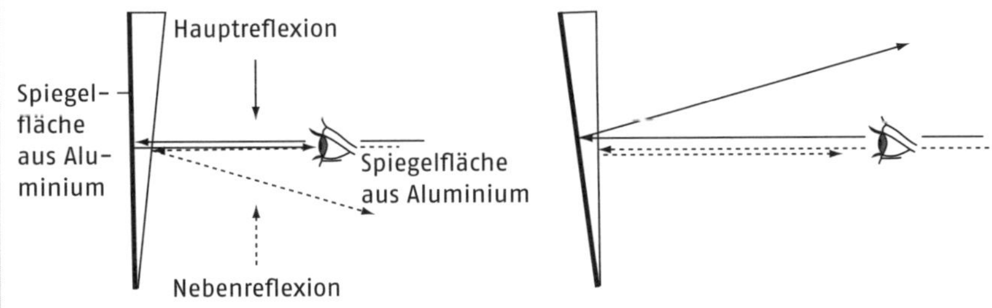

Was man beim Blick in den Rückspiegel sieht

Vergleichen wir ihn mit einem normalen Spiegel: Der besteht normalerweise aus einer Glasscheibe, die von hinten mit Aluminium beschichtet ist. Das Aluminium ist das, was die Lichtstrahlen zurückwirft. Beim Blick in einen Spiegel kann es aber passieren – je nachdem, in welchem Winkel man guckt –, dass neben dem Hauptspiegelbild auch noch ein wesentlich schwächeres Nebenspiegelbild erscheint. Das kommt daher, dass ein – sehr viel kleinerer – Teil der Lichtstrahlen bereits an der Vorderseite der Glasplatte reflektiert wird und nicht erst hinten am Aluminium. Das wäre beim Rückspiegel im Auto normalerweise genauso.

Doch an der Stelle kommt der Trick ins Spiel: Die Glasscheibe eines Innenrückspiegels hat eine Besonderheit – ein keilförmiges Profil. Ihre Vorder- und ihre Rückseite verlaufen also nicht parallel zueinander, sondern bilden einen kleinen Winkel von 3–5 Grad. Das ist genau der Winkel, um den man in der Dunkelheit den Spiegel nach oben klappen muss, um diesen Abdunkelungseffekt zu erzielen.

Das keilförmige Profil bewirkt, dass das Hauptspiegelbild (Reflektion am rückseitigen Aluminium) bei einem anderen Blickwinkel erscheint als das Nebenspiegelbild (Reflektion an der Glasoberfläche) – die beiden Spiegelbilder treten somit nie zusammen auf. So ermöglicht es der Spiegel, dass ich neben der normalen Position eine weitere einstellen kann, bei der das Spiegelbild abgedunkelt erscheint.

In dieser Position spiegelt sich das Bild, das in mein Auge gelangt, nicht am Aluminium, sondern ich sehe das schwächere Bild, das bereits an der Glasoberfläche reflektiert wird. Das heißt, die Vorderseite des Glases ist jetzt mein eigentlicher Spiegel, der zum Beispiel die Scheinwerferlichter reflektiert, die bei Dunkelheit durch die hintere Fensterscheibe des Autos auf den Spiegel gelangen.

Die Aluminiumrückseite spiegelt in dieser Position auch etwas: die Autodecke. Doch die ist nachts dunkel, deshalb sehe ich vorrangig die Lichter hinter mir – aber eben abgedunkelt, sodass sie nicht blenden.

Es gibt neben diesem klassischen Trick allerdings noch eine modernere Version, die bei neueren Autos zum Einsatz kommt. Da hat man keine keilförmige Glasscheibe, sondern zwei dünne Glasscheiben hintereinander. Die erste Scheibe ist einfach eine durchlässige Glasscheibe, die zweite ist der eigentliche Spiegel. Und zwischen diesen beiden Scheiben befindet sich eine spezielle Flüssigkeit. Sie hat eine Besonderheit: Wenn sie unter Strom gesetzt wird, wird sie trüb – und damit dunkelt sie den hinteren „eigentlichen" Spiegel ab, sodass auch dann wieder nur die vordere Glasscheibe als schwächere Spiegelfläche übrig bleibt.

Dafür braucht das Auto aber spezielle Helligkeitssensoren, die erkennen, wenn es draußen dunkel ist und helles Scheinwerferlicht von hinten kommt. Dann springen diese Sensoren an und leiten Strom in die Flüssigkeit zwischen den Glasscheiben, sodass der Verdunkelungseffekt eintritt. Und in dem Moment ist der Effekt wieder ähnlich wie bei dem Kippspiegel: Das Licht wird dann nicht mehr im eigentlichen Spiegel reflektiert, sondern nur noch schwach an der Glasoberfläche – während der größte Teil der Lichtstrahlen ins Glas reingeht und letztlich von der trüben Flüssigkeit geschluckt wird.

Warum bestellen so viele Leute im Flugzeug Tomatensaft?

Weil sich der Geschmackssinn im Flugzeug verändert. Es ist nach den Zahlen der Lufthansa tatsächlich so: Im Flugzeug wird sogar mehr Tomatensaft als Bier getrunken.

Und was verändert sich da im Flugzeug, dass vielen Leuten plötzlich Tomatensaft schmeckt?

Zum einen der Luftdruck. Der wird zwar zum Teil ausgeglichen – wenn ein Flugzeug seine Reiseflughöhe von 10 000 Metern erreicht hat, herrscht in der Maschine nicht der gleiche Luftdruck wie draußen, das würden wir gar nicht aushalten –, aber er ist schon niedriger als am Boden; er entspricht ungefähr dem Luftdruck in einer Höhe von 2000–2500 Metern. Außerdem verändert sich die Luftfeuchtigkeit. Die Luft im Flugzeug ist ziemlich trocken. Empfindliche Menschen spüren das ja auch an den Schleimhäuten. Und diese beiden Faktoren beeinträchtigen das Geschmacksempfinden.

Vor einigen Jahren haben das Wissenschaftler am Fraunhofer-Institut für Bauphysik quantitativ nachgewiesen. Sie haben einen alten Airbus-Rumpf genommen und darin möglichst genau die Bedingungen hergestellt, wie sie in einem Flugzeug herrschen: niedriger Luftdruck, trockene Luft, selbst die Fluggeräusche haben sie künstlich zugespielt. Und dann haben sie mit Testpersonen Geschmackstests durchgeführt. Das Ergebnis war: Die Empfindlichkeit für Salz ist im Flugzeug deutlich geringer. Man muss also Speisen viel kräftiger salzen und würzen, damit sie so schmecken, wie man es gewohnt ist. Auch Süßes schmeckt im Flugzeug nicht ganz so süß. Was dagegen weitgehend unbeeinträchtigt bleibt, ist der Geschmackssinn für Bitterstoffe und für Säuren. Im Ergebnis führt das dazu, dass zum Beispiel im Tomatensaft die Fruchtsäuren stärker zur Geltung kommen und eben auch das Bittere. Das haben die Wissenschaftler zum Beispiel daran gemerkt, dass sie Leuten Tomatensaft unter „Bodenbedingungen“ gegeben haben – da haben viele den Saft als „muffig“ beschrieben. Aber unter den Bedingungen im Flugzeug in 10 000 Metern Höhe schmeckt der gleiche Tomatensaft plötzlich fruchtig.

Wenn in einem Flugzeug ein Fenster kaputtgeht, werden dann wirklich Menschen durch das Loch ins Freie gezogen?

Viele denken hier spontan an die berühmte Szene im James-Bond-Film *Goldfinger*: Der Bösewicht feuert im Flugzeug eine Waffe ab, trifft ein Fenster. Die Folge ist ein plötzlicher Luftdruckabfall, Goldfinger wird durch den Sog aus dem Fenster herauszogen – das typische böse Ende eines bösen Schurken. Ist das nun realistisch? Es gibt ein paar Physiker, die das nachgerechnet haben, und es gibt sogar Experimente, die den Schluss nahelegen: Ganz so läuft das nicht.

Das Szenario ist soweit richtig, als ein Loch in der Außenwand sofort zu einem Druckabfall führt. Das kann man sich leicht klarmachen. In der Kabine herrscht ein Luftdruck fast wie an der Erdoberfläche – schließlich sollen sich die Passagiere auch in einer typischen Reiseflughöhe von 10 000–11 000 Metern noch wohlfühlen. Der Luftdruck außerhalb des Flugzeugs ist aber viel niedriger, etwa nur ein Viertel so groß. Zwischen Innen und Außen besteht also ein starkes Druckgefälle. Diesen Druckunterschied muss die Außenhaut des Flugzeugs aushalten – so wie ein Luftballon oder ein Reifen den hohen Innendruck aushalten muss ohne zu platzen.

Angenommen, es entsteht plötzlich ein Loch in der Außenhaut – die Folge ist klar: Luft strömt sofort von innen durch das Loch nach außen, und so entsteht tatsächlich ein Sog in Richtung der undichten Stelle. Die Frage ist aber jetzt: Wie stark ist dieser Sog?

Der Physiker Metin Tolan hat das mal mit seinen Studenten ausgerechnet und kam zu dem Ergebnis, der Sog im Fall Goldfinger würde einen Wind der Stärke 3 erzeugen – also etwa 17 km/h. Das ist eine stärkere Böe, aber nichts, wogegen man sich nicht stemmen könnte. Doch es hängt auch ein bisschen davon ab, wie nah man sich am Fenster befindet.

Goldfinger wird im Film durch die ganze Kabine hin zur Fensteröffnung gesogen – das ist wohl unrealistisch. Würde er sich dagegen direkt am betreffenden Fenster befinden, wäre der Druck und damit die Sogwirkung nach draußen um ein Vielfaches höher. Trotzdem würde Goldfinger – er ist ja nicht der Schlankste – wohl vor allem vom Sog gegen den Fensterrahmen gepresst, würde sich die eine oder andere Prellung holen, vielleicht auch eine Gehirnerschütterung, aber er würde sicher nicht so verformt, dass er durch das Fenster hinausgedrückt würde. Zumal diese Sogwirkung nicht so lange anhält. Je größer nämlich das Loch ist, desto heftiger ist zwar der Druckabfall, aber desto schneller ist das Druckgefälle dann ausgeglichen. Nach einem kurzen heftigen Augenblick würden in der Kabine Druckverhältnisse herrschen wie draußen in

10 000 Metern Höhe. Als Passagier würde man dann vielleicht ohnmächtig werden, mehr allerdings auch nicht.

Zu diesem Ergebnis kommen jedenfalls die Physiker der GWUP – das ist die Gesellschaft zur Wissenschaftlichen Untersuchung von Parawissenschaften. Auf deren Internetseite ist auch ein amerikanisches Video verlinkt, dass die Situation einmal mit Crashtest-Dummys durchgespielt hat – mit letztlich dem gleichen Ergebnis: Ein plötzliches Loch im Fenster kann zwar Unheil bringen, aber keinen dicken Bösewicht an die freie Luft befördern.

Kann man Flugzeugtüren abschließen?

Sieht man sich ein Flugzeug von außen an, stellt man schnell fest: An den Türen befinden sich keine Schlösser. Es gibt nur einen Entriegelungshebel, mit dem man von außen die Tür öffnet – aber man braucht dazu keinen Schlüssel. Flugzeugtüren können nicht abgeschlossen werden, weder von innen noch von außen. Das ist auch gut so, denn die Vorstellung, dass Menschen versehentlich oder gar absichtlich in einem Flugzeug eingeschlossen sind und etwa im Fall eines Unfalls nicht herauskommen, wäre beängstigend.

Dennoch müssen Flugzeuge aber davor geschützt werden, dass sie jemand Unbefugtes betritt, etwa wenn sie nachts auf dem Flughafen herumstehen. Nach Auskunft der Lufthansa passiert das hauptsächlich durch Überwachung. Zum einen durch Flughafenpersonal, zum anderen durch Videoüberwachungsanlagen, die Alarm schlagen, wenn sich jemand dem Flugzeug nähert, der keine Berechtigung hat.

Man kann Flugzeugtüren auch versiegeln, etwa mit einem Klebestreifen, den man von der Tür zum Rumpf zieht. Sobald jemand die Tür heimlich öffnet, wird dieser Klebestreifen zerrissen. Es gibt dafür spezielle Klebestreifen, die eindeutig nummeriert sind, sodass es auch auffallen würde, wenn jemand einen kaputten durch einen neuen Klebestreifen ersetzt. Die Lufthansa verwendet solche Klebestreifen aber nach eigener Auskunft nicht mehr, sondern verlässt sich auf das Überwachungspersonal und die Kameras.

Wenn Flugzeugtüren nicht abschließbar sind – gilt das auch für innen? Wie ist dann sichergestellt, dass nicht irgendein Verrückter mitten im Flug die Tür öffnet?

So etwas ist leider schon vorgekommen, zumindest der Versuch. Vor ein paar Jahren hat ein Passagier tatsächlich versucht, im Flug die Tür einer Boeing 737 zu öffnen. Er konnte aber vorher durch das Flugpersonal überwältigt werden. Und selbst wenn das Flugpersonal nicht so rasch reagiert hätte, hätte er die Tür kaum aufbekommen. Denn befindet sich ein Flugzeug erstmal in seiner üblichen Flughöhe, herrscht ein großer Druckunterschied zwischen der Kabine und der Außenluft. Durch diesen Druckunterschied wird die Tür in eine Sicherungshalterung gepresst – um sie gegen den Druck aus der Halterung herauszulösen, bräuchte man die Kraft von mindestens 100 Menschen.

Warum ist das Gewinde bei vielen Gasflaschen linksdrehend?

Fast alle Gewinde in unserem Alltag sind rechtsdrehend. Wir ziehen eine Schraube fest, indem wir sie rechtsherum drehen. Linksherum lösen wir sie aus der Wand. Dasselbe gilt für Schraubverschlüsse von Flaschen und Marmeladegläsern oder für Wasserhähne: linksrum auf; rechtsrum zu. Es gibt aber ein paar Ausnahmen, und dazu gehören Gasflaschen. Das fällt jedem auf, der einen Gasgrill hat: Den Verbindungsschlauch schraubt man linksherum an die Glasflasche an, und wenn man ihn lösen will, dreht man die Schraube nach rechts.

Da es um Gasflaschen geht, liegt die Vermutung nahe, dass dahinter Sicherheitsüberlegungen stecken – und so ist es auch. Es soll damit verhindert werden, dass versehentlich eine falsche Gasflasche angeschlossen wird. Denn diese linksdrehenden Gewinde sind nur bei speziellen Gasflaschen vorgeschrieben, nämlich solchen mit brennbaren Gasen – eben diejenigen, mit denen man einen Grill oder zum Beispiel einen Campingherd betreibt. Es gibt aber auch Gasflaschen, die Sauerstoff enthalten oder Helium oder CO_2. All diese Gase brennen nicht. Nun wäre es ziemlich gefährlich, wenn man da eine Flasche verwechselt, also nicht aufs Etikett schaut und eine Propangasflasche versehentlich mit einer Heliumflasche vertauscht. Deshalb haben die Flaschen mit brennbarem Gas – Methan, Propan, Butan – ein linksdrehendes Gewinde, dann passen nämlich einfach die Anschlüsse nicht zusammen, die für die nicht-brennbaren Gase gedacht sind.

Pflanzen gewinnen Energie, indem sie CO_2 aufspalten. Könnten Menschen diese Energiequelle auch nutzen?

Es stimmt: Der Trick der Pflanzen ist die Photosynthese. Sie holen sich CO_2 – also Kohlendioxid – aus der Luft und spalten mithilfe von Sonnenlicht den Sauerstoff ab – dadurch wird Energie frei. Diese nutzen sie, um die verbleibenden Kohlenstoffatome sie zu längeren Kohlenstoff-Verbindungen zusammenzubauen, zu Zucker und Stärke, sprich Kohlenhydraten. In denen ist die gewonnene Energie gespeichert. Wenn Pflanzen wachsen, entziehen sie somit der Atmosphäre auch CO_2.

Wenn das so einfach geht, warum machen wir das dann nicht technisch nach?

Ingenieure sind nicht blöd – tatsächlich denken sie über Möglichkeiten nach, diesen Prozess nachzumachen. Allerdings muss man sagen, dass die Pflanzen dabei gar kein so tolles Vorbild sind, denn sie gehen relativ umständlich und wenig effizient vor. Wenn man die Energie-Effizienz betrachtet – also den Wirkungsgrad – und fragt: „Wie viel Sonnenenergie geht in den Prozess rein und wie viel bekommt die Pflanze am Ende raus in Form von Biomasse?", dann stellt man fest: Der Wirkungsgrad liegt bei gerade mal 1 Prozent. Also 99 von 100 Joule gehen im Lauf des Prozesses verloren, nur 1 Prozent wird genutzt. Das ist extrem wenig.

Da sagt jeder Ingenieur: Das kann ich besser. Die modernsten Photovoltaikanlagen haben heute eine Effizienz von 20 Prozent, können also das Sonnenlicht viel wirksamer verarbeiten. Der Grund ist: Die Pflanzen sind anspruchsvoller – sie gewinnen ja nicht nur irgendwie Energie, sondern bauen auch komplizierte Moleküle auf; Zucker, Zellulose bis hin zu Eiweißmolekülen. Das ist natürlich viel aufwändiger und erfordert viel mehr einzelne Schritte als einfach nur Wärme oder Strom zu erzeugen. Und so geht auf dem Weg vom Sonnenstrahl bis zur fertigen Biomasse mehr Energie flöten.

Die erste Antwort auf die Frage: „Warum machen wir es nicht wie die Pflanzen?" lautet also: Weil wir, wenn es nur um Energie geht, das Sonnenlicht effizienter nutzen können, nämlich in Form von Solarenergie oder Photovoltaik.

Trotzdem: Solarstrom hat einen großen Nachteil – er steht nur dann zur Verfügung, wenn die Sonne scheint. Da wäre es ein großer Vorteil, wenn man diese Energie speichern könnte, und das wiederum können ja Pflanzen gut: Sie setzen das Sonnenlicht zwar sehr ineffizient um – aber am Ende ist die Energie in Form von Masse gespeichert. Das ist natürlich ein großer Vorteil.

Deswegen wollen Techniker jetzt etwas Ähnliches machen wie die Pflanzen. Nur sagen sie: Wir brauchen am Ende keine komplizierten Biomoleküle, keine

Kohlenhydrate – es reicht, wenn wir zum Beispiel Methangas oder einen einfachen Kraftstoff erzeugen. Das wäre ja auch eine Form der Energiespeicherung.

Es gibt zum Beispiel eine Technik, die nennt sich „Power to Gas". Angenommen, die Sonne scheint, die Windräder drehen sich, es wird viel Strom erzeugt – und der überschüssige Strom wird genutzt, um CO_2 zu spalten und in Methangas zu verwandeln. Und später, wenn die Sonne nicht scheint und die Windräder stillstehen, wird dieses Methan verbrannt und man erhält die Energie wieder zurück. Das Ganze ist also eine Speicherenergie, nur eben effizienter, als es die Pflanzen machen.

Andere Forscher versuchen sogar, das Kohlendioxid direkt mit konzentriertem Sonnenlicht aufzuspalten und in Treibstoff zu verwandeln. Das ist dem, was Pflanzen machen, noch ähnlicher – allerdings bisher auch ähnlich ineffizient. Und es gibt einen Ansatz mit sogenannten „künstlichen Blättern". Das sind spezielle Halbleiterfolien, die, wenn sie unter Wasser sind und mit Sonnenlicht bestrahlt werden, das Wasser aufspalten in Wasserstoff und Sauerstoff – und der Wasserstoff kann dann wiederum als Energiequelle dienen.

Das alles zeigt: Es ist da etwas in Gang gekommen. Forscher versuchen zumindest im Prinzip, den Trick der Pflanzen zu kopieren – aber bis diese Verfahren soweit fortgeschritten sind, dass sie einen echten Beitrag zur Energieversorgung leisten, werden noch Jahre vergehen, wenn nicht mehr.

Warum braucht man zur Kernfusion 150 Millionen Grad, wenn auf der Sonne 15 Millionen Grad reichen?

In der Tat ist die Idee bei der Kernfusion, die Vorgänge auf der Sonne zu kopieren. All die viele Energie, die uns die Sonne schenkt, beruht auf der Kernfusion – darauf, dass je vier Wasserstoffatome zu einem Heliumatom verschmelzen und dabei enorme Mengen an Energie frei werden. Energie, die die Sonne dann zu uns abstrahlt.

Doch erstmal ist viel Energie nötig, damit die Atomkerne zusammen kommen. Man kann sich dazu ein Wasserstoffatom ein bisschen vorstellen wie eine Kirsche: in der Mitte der Kern, außen herum die Hülle. Der Kern ist positiv geladen, die Hülle negativ. Bei normalen Verhältnissen würden die Kerne nicht verschmelzen, denn da sind die Hüllen – bei der Kirsche: das Fruchtfleisch – dazwischen. Die „Hüllen" bei den Atomen bestehen aus Elektronen, sind also jeweils negativ geladen – deshalb würden sie sich gegenseitig abstoßen. Die Kerne können nur dann zusammen kommen, wenn die Atome – also in unserem Bild die Kirschen – schnell oder eben kräftig genug aufeinanderprallen, um die Abstoßung zu überwinden. Dazu ist sehr viel Druck nötig oder eben hohe Temperaturen.

Im Inneren der Sonne hilft der Druck. Der liegt dort bei 250 Milliarden Bar – 250 Milliarden Mal mehr als an der Erdoberfläche. Der Grund für diesen hohen Druck im Inneren der Sonne ist ihre gigantische Masse. Auf der Erde kann man auch mit den besten technischen Mitteln diesen Druck unmöglich herstellen, da würde uns alles um die Ohren fliegen.

In irdischen Fusionsreaktoren herrschen viel niedrigere Druckverhältnisse. Beim 2016 in Betrieb genommenen Reaktor „Wendelstein 7-X" in Greifswald etwa beträgt der Druck 1–2 bar, ist also nicht viel höher als der Druck, dem wir normalerweise auf der Erde auch ausgesetzt sind. Was an Druck fehlt, muss dann eben durch eine entsprechend hohe Temperatur kompensiert werden, damit die Atome trotzdem verschmelzen. Und deshalb braucht man Temperaturen, die zehnmal so hoch sind wie in der Sonne.

Auch wenn man also die Kernfusion auf der Erde immer mit den Vorgängen auf der Sonne vergleicht, besteht hier ein wesentlicher Unterschied. In der Sonne ist der Druck viel höher, dafür die Temperatur niedriger; in einem irdischen Fusionsreaktor ist der Druck niedrig, dafür müssen höhere Temperaturen erzeugt werden.

Werden Batterien leichter, wenn sie leer sind?

Das Wörtchen „leer“ führt an dieser Stelle auf eine falsche Fährte. Wir sprechen von „vollen“ und „leeren“ Batterien, dabei sind „leere“ Batterien nicht wirklich „leer“ im dem Sinn, dass weniger „drin“ ist als vorher. Die Batterie ist ein geschlossenes System – da tritt im Normalfall nichts aus. Wenn Batterien in Betrieb sind, findet nur eine elektrochemische Reaktion statt, bei der Elektronen von einem Ende der Batterie zum anderen wandern. Aber die Masse, also die Zahl der Atome in der Batterie, bleibt erhalten. So gesehen verlieren die Batterien nicht an Gewicht.

Eine winzige Einschränkung kommt aber durch Einsteins Relativitätstheorie und seine berühmte Gleichung $E = mc^2$. Das E in der Gleichung ist die Energie eines Systems im Ruhezustand. Einstein sagt mit der Gleichung: Je größer die Masse eines Körpers, desto größer ist diese Ruheenergie. Im Umkehrschluss heißt das: Wenn ein Körper – in dem Fall die Batterie – Energie verliert, also in Form von Strom an die Umgebung abgibt, verliert sie Masse. Doch das ist so wenig, dass man es praktisch nicht messen kann; es bewegt sich im Bereich von Milliardstel Gewichtsprozenten. Insofern müsste die ganz korrekte Antwort lauten: Ja, eine verbrauchte Batterie ist laut Relativitätstheorie um einen winzigen Bruchteil leichter. Aber damit kann man im Alltag nichts anfangen. Es hilft leider nicht, volle und leere Batterien durch Abwiegen voneinander zu unterscheiden.

Essen: Warum es ist, wie man's isst

Warum werden Kartoffeln braun und knusprig, wenn man sie in Öl brät?

Da geht's den Kartoffeln nicht anders als fast allen anderen Lebensmitteln. Das gleiche gilt für Nudeln, Fleisch oder Gemüse, insbesondere Zwiebeln. Alles wird in der Pfanne oder im Ofen braun und häufig zumindest an der Oberfläche auch knusprig. Darüber denken wir meist gar nicht mehr nach, denn das ist schließlich der Inbegriff des Bratens und Backens: die leckere Bräune des Essens.

Dahinter steckt eine chemische Reaktion, die sogenannte Maillard-Reaktion. Für diese Reaktion braucht man zwei Zutaten, die in all den genannten Lebensmitteln – wenn auch in unterschiedlichen Mengenverhältnissen – enthalten sind: einerseits Zuckermoleküle, vor allem in Form von Glucose, also Traubenzucker, und andererseits Eiweiße bzw. Aminosäuren, also Eiweißbausteine. Wenn diese beiden Ausgangssubstanzen zusammenkommen und erhitzt werden, verbinden sie sich zu größeren Molekülen. Diese Endprodukte heißen Melanoide – in dem Namen steckt das griechische Wort *Melas* = schwarz. Womit schon gesagt ist, dass diese Reaktionsprodukte dunkel sind – daher die Bräunung.

Und warum sind sie auch knusprig?

Im Wesentlichen deshalb, weil sich zwei Moleküle – Zucker und Aminosäure – zu jeweils einem besonders großen Molekül verbinden, und in der Chemie gilt als Faustregel: Große Moleküle machen eine organische Substanz tendenziell härter oder zumindest „weniger geschmeidig" als kleine. Und im Mund fühlt sich das dann knusprig an.

Welche Rolle spielt dabei das Öl in der Pfanne?

Für die chemische Reaktion selbst ist es eigentlich nicht wichtig – es dient vor allem dazu, die Hitze zu übertragen und damit den Vorgang überhaupt erst auszulösen. Das Öl ist außerdem ein Geschmacksträger. Darüber hinaus verhindert es in vielen Fällen, dass die Sachen anbrennen. Aber die Maillard-Reaktion funktioniert ohne Öl: Kartoffeln werden im Ofen auch ohne Fett braun, genauso das Brot im Toaster.

Führt diese Reaktion auch zum berüchtigten Acrylamid?

Unter Umständen ja. Bei dieser Maillard-Reaktion kann unter anderem Acrylamid entstehen. Das passiert vor allem bei großer Hitze und wenn die Ausgangssubstanzen besonders trocken sind – bestes Beispiel ist die Herstellung von Kartoffelchips, aber auch im Brot oder im Kaffee ist Acrylamid enthalten.

Interessant ist übrigens, dass einer Studie zufolge Kartoffelchips, die man im Frühjahr kauft, mehr Acrylamid enthalten als solche, die man im Herbst kauft. Der Grund: Die Kartoffeln, die im Frühjahr zu Chips verarbeitet werden, haben bereits mehrere Monate Lagerung hinter sich, und bei der Lagerung verwandelt sich ein Teil der Stärke in Glucose. Glucose ist ja, wie erwähnt, eine wesentliche Ausgangssubstanz für die Maillard-Reaktion. Je mehr Glucose die werdenden Kartoffelchips enthalten, desto mehr Acrylamid entsteht dabei. Allerdings hat die Studie auch ergeben, dass die Kartoffelchips heute im Schnitt weniger Acrylamid enthalten als noch vor 10 Jahren.

Im April 2018 verordnete die EU, dass Lebensmittel möglichst acrylamidarm hergestellt werden. Dazu gehört zum Beispiel, dass Pommes in weniger heißem Fett frittiert werden. Allerdings: Dass Acrylamid in den Mengen, in denen Menschen es üblicherweise konsumieren, überhaupt gesundheitsgefährdend oder gar krebserregend ist, wurde bislang nicht bewiesen.

Ist grüner Spargel gesünder als weißer?

Der Unterschied zwischen weißem und grünem Spargel ist die Anbaumethode. Grüner Spargel wächst oberirdisch, also an der Sonne. Deshalb bildet er grünes Chlorophyll aus. Zieht man den Spargel dagegen in angehäuften Erddämmen auf, bekommt er keine Sonne ab und bleibt weiß.

Sowohl weißer als auch grüner Spargel sind in dem Sinn „gesund", dass sie viele wertvolle Inhaltsstoffe enthalten – und grüner Spargel enthält von manchen noch ein bisschen mehr. Man muss aber genau hinschauen, denn warum ist Spargel überhaupt gesund? Weil er im Verhältnis zu seinem Nährwert relativ viele wichtige Mineralstoffe und Vitamine enthält. Ich betone: Im Verhältnis zu seinem Nährwert. Da Spargel zu mehr als 92 Prozent aus Wasser besteht, hat er nur 150 bis 200 Kilokalorien pro Kilogramm. Und in den wenigen Bestandteilen, die nicht „Wasser" sind, konzentrieren sich hohe Mengen an Kalium, Kalzium und Stickstoff.

Kalium ist gut für die Nerven, Kalzium gut für die Knochen, und Stickstoff wirkt harntreibend und somit entwässernd und entgiftend. Außerdem enthält Spargel die Vitamine A, C, E und K. Das alles enthält der Grüne Spargel auch, allerdings – da er vor der Ernte mehr Sonnenlicht abbekommen hat – zum Teil etwas mehr als der weiße. Ich tue mich aber schwer damit zu sagen, er sei deshalb „gesünder". Wie gesund Spargel ist, hängt letztlich vom gesamten Speiseplan ab. Man kann sich ohne Spargel gesund ernähren, und wenn man sich nicht gesund ernährt, dann ist es letztlich egal, ob man statt weißem grünen Spargel isst; das macht dann keinen Unterschied. Dann sollte man sich lieber gleich nach dem Geschmack entscheiden.

Allerdings ist Spargel auch nicht uneingeschränkt gesund. Zumindest manche Menschen sollten große Mengen eher meiden. Denn Spargel enthält Substanzen, die im Körper zu Harnsäure umgewandelt werden. Da kann es passieren, dass überschüssige Harnsäure kristallisiert und sich in den Gelenken absetzt. Das wiederum kann Menschen, die für Gicht anfällig sind, Schmerzen bereiten.

Wie und warum ändert Rotkohlsaft bei Kontakt mit sauren oder alkalischen Lösungen seine Farbe?

Rotkohl enthält den Farbstoff Cyanidin. Diese Substanz kommt in sehr vielen Pflanzen vor, vor allem in roten und blauen. Himbeeren, Heidelbeeren, Hibiskus, Johannisbeeren, Kirschen, Trauben – alles, was fiese lila oder dunkelrote Flecken erzeugt, enthält Cyanidin. Und eben auch Rotkohl.

Bei dieser Aufzählung fällt aber auf: Derselbe Farbstoff ist offenbar mal für das Rot der Himbeeren, mal für das Blau der Blaubeeren verantwortlich. Wie ist das möglich? Die Antwort ist, dass dieser Farbstoff seine Farbe je nach dem Säuregrad der Umgebung verändert.

Chemisch neutraler Rotkohlsaft ist blauviolett. Gibt man Säure dazu, färbt er sich rötlich. Und zwar umso rötlicher, je saurer die Mischung wird. Gibt man ordentlich Essig dazu, wird der Saft leuchtend rot. Versetzt man ihn umgekehrt mit alkalischen Lösungen, etwa mit Seifenwasser oder Backpulver bzw. Natronlauge, wird aus dem Blau erst ein Grün und dann ein Gelb. So kann man aus Rotkohlsaft fast alle wesentlichen Farben des Regenbogens erzeugen.

Was passiert dabei chemisch?

Der Farbwechsel ensteht durch winzige Verschiebungen im molekularen Aufbau des Farbstoffs. Cyanidin ist ein komplexes organisches Molekül mit 15 Kohlenstoffatomen, an denen wiederum verschiedene Wasserstoff- und Sauerstoffatome dranhängen. Die Farbänderung entsteht dadurch, dass in einer sauren Umgebung das Molekül einen zusätzlichen Wasserstoffkern – also ein Proton – an sich bindet. Umgekehrt gibt in einer basischen Umgebung der Farbstoff ein Proton an die Umgebung ab. Und schon durch eine solch kleine Änderung verändert sich die Farbe.

Selbst ohne Essig kann Rotkohl farblich variieren; das hängt auch vom Boden ab. Ein rötlicher Rotkohl weist darauf hin, dass der Kohl auf einem eher sauren, also zum Beispiel auf einem sandigen Boden gewachsen ist. Sind die Blätter eher bläulich, stammt er möglicherweise von einem kalkhaltigen Boden, denn solche Böden sind basischer.

Und so kommt es, dass dasselbe Gemüse mal Rotkohl und mal Blaukraut heißt – und trotzdem alle recht haben.

Warum verlieren Tomaten im Kühlschrank ihren Geschmack?

Eine Küchenweisheit lehrt: Bewahre Tomaten nicht im Kühlschrank auf, die verlieren dort den Geschmack. Forscher aus Florida haben erst vor wenigen Jahren herausgefunden, warum das so ist.

Auch wenn Tomaten geerntet sind, reifen sie bekanntlich nach. Grüne Tomaten können auch gepflückt noch rot werden – so wie viele andere Früchte nachreifen. Das deutet schon darauf hin, dass in ihnen, selbst nachdem sie gepflückt sind, ein genetisches Programm weiterläuft, das sie reifen lässt und das auch Aromen freisetzt.

Doch genau die Gene, die die Reifung der Tomate vorantreiben, werden bei länger anhaltender Kälte weniger aktiv. Ihre Erbinformation wird seltener abgelesen. Dadurch produzieren sie weniger Aromastoffe, während sich gleichzeitig die Aromen, die vorher schon drin waren, im Kühlschrank verflüchtigen. Im Ergebnis gibt die Tomate also Aromastoffe an die Umgebung ab, produziert aber keine neuen mehr, und so ist die Aromabilanz negativ. Nach einer Woche Kühlschrank ist nur noch ein Bruchteil des ursprünglichen Aromas übrig.

Die Forscher haben das mit verschiedenen Tomatensorten ausprobiert, mit traditionellen ebenso wie mit neueren Züchtungen. Und sie haben sie Versuchspersonen zu essen gegeben. Das Geschmacksurteil war eindeutig: Die frischen Tomaten schmeckten im Schnitt besser als die, die eine Woche im Kühlschrank lagen.

Nun analysierten die Forscher die Tomaten, um herauszufinden, welche Aromastoffe genau verlorengehen. Denn das Tomatenaroma setzt sich zusammen aus den organischen Säuren, aus Kohlenhydraten und aus mehr als 60 verschiedenen flüchtigen Verbindungen – und gerade bei denen zeigt sich der Unterschied. Sie heißen ja deshalb flüchtig, weil sie über den Stielansatz ausdünsten können – dort, wo die Tomate bekanntlich am stärksten duftet. Bei Zimmertemperatur produzieren die Tomatenzellen diese Aromastoffe nach – aber im Kühlschrank viel weniger. Und so hat die Tomate nach einer kühlen Woche zwei Drittel dieser Aromamoleküle verloren.

2012 haben Tomatenforscher übrigens schon etwas anderes herausgefunden. Früher waren viele Tomaten am Stängelansatz grün. Im Lauf der Zeit wurden sie auf einheitliches Rot gezüchtet, doch bei dieser Züchtung ging den Tomaten ein wichtiges Aroma-Gen verloren. Im Ergebnis schmecken einheitlich rote Tomaten deshalb nicht so aromatisch wie diejenigen Sorten, die am Stielansatz grün bleiben. Trotzdem sollte, auch wenn diese oben grünen Tomaten insgesamt besser schmecken, das Grüne nicht mitgegessen werden, da es Stoffe enthält, die nicht so bekömmlich sind.

Warum wird Gemüse beim Garen weich?

Typisch für Gemüse ist: Im rohen Zustand ist es fest und knackig, beim Garen wird es weich. Durch die Hitze passieren mehrere Dinge. Erst einmal gehen die Zellen kaputt – sie platzen, weil Flüssigkeit in ihrem Inneren sich beim Erhitzen ausdehnt. Denn die Zellen von Pflanzen haben im Gegensatz zu den Körperzellen von Tieren eine feste Zellwand aus Cellulose.

Cellulose ist ein sehr hartes Material, es handelt sich um lange Molekülbänder, die untereinander vernetzt sind. Wenn die Zellen zerstört werden, wird auch das Zellgerüst zerstört, gleichzeitig wird die Cellulose beweglicher. Pflanzenzellen sind im Rohzustand aber auch deshalb fest, weil sie Pektin enthalten, das ebenfalls stabilisierend wirkt. Bei höheren Temperaturen wird Pektin weich und es geht in Lösung. Das alles zusammen macht das Gemüse weich.

Warum sind Spaghetti so lang?

Weil es sonst keine Spaghetti wären! Spaghetti ist der Plural von Spaghetto, und das wiederum eine Verkleinerungsform von Spago, was nun einmal „dünner Faden" bedeutet. Spaghetti sind also per Definition feine dünne Fäden. Sind Nudeln anders geformt, heißen sie auch anders: Rigatoni, Maccheroni, Spinelli, Fettuccine, Farfalle usw. Aber in der langen fadenförmigen Variante heißen sie nun einmal Spaghetti.

Ganz offensichtlich spielt diese Pasta-Variante eine besondere Rolle. Es ist auf jeden Fall die Nudelsorte, die die meisten Kinder als erstes kennenlernen. Ich kenne eine Menge Kinder, denen bei Spaghetti das Wasser im Mund zusammen läuft – aber ich kenne kein einziges Kind, das auf die Frage nach dem Lieblingsessen sagen würde: „Rigatoni".

Warum sind also ausgerechnet Spaghetti zum Inbegriff von Pasta-Speisen geworden? Das hängt sicher damit zusammen, dass die Fadenform bei der Herstellung ziemlich praktisch ist. In dieser langen dünnen Form trocknet der Teig nämlich ziemlich schnell. Das war früher noch wichtiger als heute, denn den getrockneten Teig konnte man lange aufbewahren – und Spaghetti halten sich bekanntlich im trockenen Zustand lange.

Gelegentlich hört man das Gerücht, dass Marco Polo die Spaghetti aus China nach Italien gebracht hat. Doch das ist wohl so nicht richtig. Denn es gibt einen Bericht des arabischen Geografen Al-Idrisi aus dem 12. Jahrhundert. Der hat damals Sizilien bereist und hielt es für berichtenswert festzustellen, dass in Trabia – einem Ort östlich von Palermo – solche langen getrocknete Nudeln nicht nur hergestellt, sondern auch exportiert wurden. Das war noch bevor Marco Polo nach China reiste.

Der wurde dort dann allerdings ebenfalls mit langen Nudeln konfrontiert, die von den Chinesen erzeugt wurden. Allerdings waren die vermutlich aus Reismehl oder zumindest einem Reis-Weizen-Gemisch. Sie waren auch lang und dünn – aus dem gleichen Grund: Man konnte sie mithilfe einer Presse einfach herstellen und schnell trocknen. Insofern haben die langen dünnen Spaghetti einfach Tradition. Und im Handel gibt es ja sogar die schönen extralangen.

Trotzdem: Tradition rechtfertigt nicht alles, und bei den heutigen Produktionsverfahren spielen die Form-Vorteile der Spaghetti keine große Rolle mehr. Vielleicht eher die Lagerung: Spaghetti lassen sich dichter packen als Rigatoni oder Spinelli und beanspruchen daher weniger Platz im Regal oder im Transporter.

Zweifellos könnten die „Fäden“ trotzdem kürzer sein – doch wären kürzere Spaghetti wirklich praktischer? So lang wie sie sind, lassen sie sich immerhin gut um die Gabel wickeln und bleiben dann dort. Mit kürzeren – zum Beispiel halbierten oder geviertelten Spaghetti – geht das nicht mehr so leicht; die fallen dann eher mal runter. Insofern ist eine gewisse Mindestlänge schon sinnvoll. Außerdem ist es für Kinder viel spaßiger, lange Nudeln genüsslich in den Mund zu saugen. Auch das ist sicher ein Kult-Faktor.

Kocht Wasser in den Bergen schneller?

Ja. Wenn Sie auf einer Berghütte Urlaub machen und dort das Wasser für ihre Spaghetti aufsetzen, fängt es schneller an zu kochen, als wenn Sie das in einer Strandwohnung tun (zumindest wenn sonst gleiche Bedingungen herrschen, also die Umgebung gleich warm ist, das Wasser dieselbe Anfangstemperatur hat und die Herdplatten gleich heiß sind).

Der Siedepunkt ist in den Bergen nämlich niedriger. Wir haben zwar gelernt, dass Wasser bei 100 °C siedet – doch das gilt nur bei Normaldruck auf Meereshöhe. Die Gesetze der Physik sagen aber: Je niedriger der Außendruck, bei desto niedrigerer Temperatur siedet das Wasser. Da gilt die Faustregel: Pro 300 Meter Höhe sinkt der Siedepunkt um 1 °C. Auf 1000 Metern Höhe macht das schon etwas mehr als 3 °C aus, auf 2000 Metern Höhe fast 7 °C. Das Wasser kocht also dann schon bei 93 °C und nicht erst bei 100 °C.

Wenn das Wasser schneller kocht, sind die Nudeln dann früher fertig?

Im Gegenteil: Sie brauchen länger. Denn die Garzeit hängt vor allem von der Temperatur ab. Das Wasser mag auf meiner Berghütte auf 2000 Metern Höhe zwar schneller sieden, die Temperatur bleibt dann aber bei 93 °C – heißer wird es nicht. Weitere Wärmezufuhr führt nur dazu, dass es schneller verdunstet. Und bei 93 °C brauchen die Spaghetti eben länger, um genießbar bzw. *al dente* zu sein als bei 100 °C.

Dasselbe gilt übrigens für Eier. Will man ein klassisches 5-Minuten-Ei, sollte man ihm in den Bergen lieber eine Minute länger Zeit geben.

Warum steigen Nudeln beim Kochen auf?

Logisch erscheint das ja nicht: Am Anfang liegen die Nudeln am Topfboden. Sind also ganz offenbar schwerer als Wasser. Im Lauf des Kochvorgangs nimmt der Teig Wasser auf. Dadurch werden die Nudeln vielleicht etwas leichter, aber es kann doch unmöglich sein, dass sie durch das *Aufnehmen* von Wasser plötzlich leichter werden als das Wasser selbst. Das würde ja bedeuten: [schwerer als Wasser] + [Wasser] = [leichter als Wasser].

Man kommt der Erklärung schon näher, wenn man sich anschaut, bei welchen Nudeln genau dieser Effekt auftritt. Er tritt seltener bei Spaghetti oder anderen vorgefertigten Teigwaren auf, wohl aber bei selbstgemachten Nudeln, auch bei Spätzle, bei Gnocchi und bei Klößen. Selbstgemachter Teig – ob Spätzle oder Kartoffelteig – hat eine Besonderheit: Er ist in der Regel etwas poröser als der von industriell gefertigten Spaghetti.

Jetzt passiert Folgendes: Die Nudeln liegen zunächst brav am Topfboden, dann erhitzt sich das Wasser, der Teig nimmt heißes Wasser auf und geht langsam auf. Das Wasser dringt dabei in die vielen mikroskopisch kleinen Poren im Teig. Allerdings enthält der Teig auch jede Menge Gluten – das berühmte Klebereiweiß. Das sorgt nun dafür, dass die – inzwischen mit Wasser gefüllten – Poren im Teig vom Gluten regelrecht zugekleistert und verschlossen werden.

Jetzt liegt unsere wassergesättigte Nudel immer noch am Topfboden und erhitzt sich weiter. Dabei wird das Wasser in den Teigporen so heiß, dass es sich in Dampf verwandelt! Das bläht die Nudel noch weiter auf. Und der Dampf wiederum ist dann eben doch leichter als Wasser. Und er kann auch nicht entweichen, weil die Poren vom Gluten zugekleistert sind. Durch den eingeschlossenen Wasserdampf bekommen die Nudeln nun Auftrieb und steigen an die Wasseroberfläche.

Warum führt scharfes Essen zu Schweißausbrüchen?

Weil scharfes Essen tatsächlich zu einem leichten Anstieg der Körpertemperatur führen kann. Die chemische Verbindung, die Chilis und anderen Paprikagewächsen ihre Schärfe verleiht, ist Capsaicin. Schon kleine Mengen machen viel aus: Würde man ein Gramm Capsaicin in 10 000 Litern Wasser verteilen, könnte man die Schärfe immer noch wahrnehmen. Diese Capsaicin-Moleküle docken genau an jene Nervenrezeptoren im Mundraum an, die uns normalerweise melden, wenn wir uns verletzt oder verbrannt haben.

Man könnte also sagen: Capsaicin täuscht eine Brandwunde vor, deshalb „brennt" es im Rachen. Der Körper reagiert daraufhin so, wie er auf Wunden reagiert: Er steigert die Durchblutung und erweitert die Blutgefäße. Dadurch steigt die Körpertemperatur – und um den Anstieg in Grenzen zu halten, leitet der Körper gleich die Gegenmaßnahme ein: Er fängt an zu schwitzen. Denn wenn der Schweiß auf der Haut verdunstet, wird dem Körper Wärme entzogen.

Manchmal wundert man sich ja, dass scharfe Speisen ausgerechnet in tropischen Ländern Tradition haben, wo es doch schon heiß genug ist – Indien, Indonesien, Mexiko –, aber die Erklärung könnte genau darin liegen: Das scharfe Essen wirkt zwar kurzfristig schweißtreibend, hat jedoch – über den ersten Hitzemoment hinaus – auch eine kühlende Funktion.

Aufgrund dieser Zusammenhänge ist es kein Zufall, dass es im Englischen das Wort „hot" sowohl „heiß" als auch „scharf" bedeutet. Im Deutschen kennen wir interessanterweise „heiß" ebenfalls als Synonym für „scharf" – aber bekanntlich mehr in Zusammenhang mit menschlichem Balzverhalten … Es handelt sich allerdings auch hier um eine Lehnübersetzung des englischen „hot", das ebenfalls in diesem Kontext gebraucht wird.

Warum bekommt man nach dem Eis-Essen Durst?

Darauf gibt es zwei Antworten, die sich vermutlich ergänzen. Zum einen wirkt Zucker in dieser Hinsicht ähnlich wie Salz. Auch salziges Essen macht Durst. Das liegt daran, dass unser Körper darauf achtet, dass die Konzentration den gelösten Stoffen im Blut – ob Zucker oder Salze – im Gleichgewicht bleibt. Wenn wir Salz zu uns nehmen, steigt die Konzentration im Blut und der Körper möchte das überschüssige Salz wieder loswerden – über den Urin. Dazu braucht er Wasser, also sendet der Körper das Signal „Durst" aus, um uns zum Trinken zu bewegen. Deshalb löscht Salzwasser keinen Durst, weil wir damit die Salze, die wir verdünnen und ausspülen wollen, gleich wieder zu uns nehmen.

Mit Süßigkeiten ist es ähnlich. Zwar müssen wir mehr Zucker aufnehmen, um die gleiche Wirkung wie mit Salz zu erzielen – aber das tun wir ja auch, denn Süßigkeiten wie Eis oder Schokolade enthalten prozentual mehr Zucker als umgekehrt Chips Salz enthalten.

Das ist also der eine Grund für den Durst: die Notwendigkeit des Körpers, Wasser aufzunehmen. Der andere ist der Nachgeschmack, den Süßigkeiten meist hinterlassen. Den wollen wir irgendwann wieder loswerden. Und auch das geht natürlich am besten mit einem – möglichst nicht zuckerhaltigen – Getränk.

Wieso bekommt man vom Eis-Essen manchmal Kopfschmerzen?

Echte Genießer, die langsam das Eis im Mund schmelzen lassen, haben damit weniger Probleme, wohl aber Schlinger, die sich schnell einen Löffel nach dem anderen in den Mund schieben. Da kommt es dann zum plötzlichen Kälteschmerz – im Englischen spricht man vom „Brain freeze". Es ist nicht ganz klar, was dabei genau im Kopf passiert. Eine Zeitlang hat man gedacht, der Schmerz komme daher, dass sich Blutgefäße im Kopf zusammenziehen und verkrampfen. Aber im Moment sieht es eher nach dem Gegenteil aus.

Es gibt starke Anhaltspunkte, wonach die Schmerzen dadurch entstehen, dass sich die Blutgefäße im Gehirn schlagartig ausweiten – und zwar als Reaktion auf den Kältereiz. Das Gehirn ist ja ein sehr empfindliches Organ, es muss ständig seine Betriebstemperatur aufrechterhalten. Wenn jetzt von irgendeiner Seite – in diesem Fall vom Gaumen – ein starker Kältereiz kommt, dann melden die Nerven schon Eis-Alarm. In der Folge weiten sich die Blutgefäße, um die Durchblutung zu fördern und somit das Gehirn warm genug zu halten. Der erhöhte Blutstrom übt aber einen Druck auf die Umgebung aus, und das führt dann zu dem plötzlichen stechenden Schmerz.

Das ist zumindest eine Theorie, für die es auch experimentelle Belege gibt. Vor ein paar Jahren haben Wissenschaftler freiwillige Versuchspersonen entsprechend gequält: Sie haben sie eisgekühltes Wasser mit einem Strohhalm trinken lassen und sie gebeten, das kalte Wasser schön am Gaumen entlang zu spülen. Und sie haben sich angeschaut, was im Gehirn passiert. Die Versuchspersonen sollten die Hand heben, sobald sie den Schmerz spürten, und sie wieder senken, sobald der Schmerz vorbei war. Und es zeigte sich, dass der Schmerz und die Weitung der Blutgefäße im Kopf zeitlich gut zusammenpassen. Insofern könnte die Erklärung stimmen.

Warum klebt Zucker?

Trockener Zucker klebt an sich nicht – nur wenn er feucht wird, fängt er an, „bappig“ zu werden. Wohlbekannt aus der Zeit des Faschings (alias Fasnacht, Fasnet, Karneval), wenn man den Berliner (alias Kräppel, Krapfen) aufgegessen hat und keine Möglichkeit, sich die Hände zu waschen.

Die Klebrigkeit des Zuckers rührt daher, dass Zucker und Wasser etwas haben, was sie buchstäblich verbindet – nämlich den Wasserstoff. Der ist zum einen – logisch – im Wasser drin, deshalb heißt er ja so. Ein Wassermolekül besteht aus zwei Wasserstoffatomen und einem Sauerstoffatom, daher H_2O.

Wasserstoffatome hängen aber auch an Zuckermolekülen dran. Zucker hat eine Kristallstruktur. Er besteht aus ringförmig angeordneten Kohlenstoffatomen, das ist der Grundbaustein. Und diese Kohlenstoffringe verbinden sich mithilfe von Brücken aus Wasserstoff und Sauerstoff zu einem großen Gerüst. Das ist solange stabil, wie der Zucker trocken ist. Wenn aber Feuchtigkeit – also Wassermoleküle – mit dem Zucker in Berührung kommen, lösen sich diese Brücken im Zuckergerüst auf, die Zuckermoleküle lösen sich dann aus der Gerüstverbund.

Doch an den einzelnen Zuckermolekülen hängen nach wie vor Wasserstoffatome, die nichts lieber tun, als sich wieder mit irgendwas zu verbinden. Das machen sie auch – gerne mit der Restfeuchtigkeit an unseren Händen – und deshalb „klebt“ Zucker.

Kühe zu halten ist ressourcenaufwändig – könnte man Milch nicht künstlich herstellen?

„Kuh-freie“ Milch gibt es ja insofern, als heute in jedem Supermarkt all diese Milchersatzprodukte stehen: Sojamilch, Hafermilch, Mandelmilch … Das geht ja schon in die Richtung. Man hat eine pflanzliche Basis, zum Beispiel eingeweichte und ausgepresste Sojabohnen oder pürierte Mandeln, und versetzt die mit genau der Menge Wasser, die nötig ist, damit die Mischung zumindest beim Eiweiß- und Fettgehalt der Milch möglichst nahe kommt. Die Beispiele machen aber zugleich die Schwierigkeit deutlich: Soja- oder Hafermilch enthalten viele Inhaltsstoffe der Kuhmilch eben nicht – und schmecken auch deutlich anders.

Deshalb werden diese Getränke ja dann oft zusätzlich angereichert, zum Beispiel mit Kalzium. Aber auch damit bleiben noch viele Unterschiede. Denn selbst wenn die Hauptbestandteile der Milch Wasser, Milchzucker, Fett und Eiweiß sind, stecken in ihr hunderte weitere Substanzen. Sie enthält allein mehr als 100 verschiedene Eiweiße. Und selbst das Fett ist nicht einfach so als Fett drin. Die winzig kleinen Fettkügelchen werden vielmehr im Euter noch mit ein paar dünnen Schichten ummantelt, damit das Fett in Emulsion gehen kann und sich Fett und Wasser nicht trennen.

Die Herstellung einer künstlichen Milch, die der echten Kuhmilch wirklich zum Verwechseln ähnlich ist, wäre deshalb ziemlich aufwändig – und der Ressourcenverbrauch auch nicht unbedingt besser als der für die herkömmliche Milchproduktion. Und ein solcher Kuhmilch-Ersatz wäre wohl wesentlich teurer als ein Liter Mandelmilch. Es ist fraglich, ob sich dann genügend Leute finden würden, die diesen Preis zu zahlen bereit wären.

Es ist aber nicht so, dass man es nicht probiert hätte. Ich habe einen *ZEIT*-Artikel aus dem Jahr 1962 gefunden, der berichtet von Experimenten in England. Dort hatten Wissenschaftler großspurig angekündigt, Milch aus genau dem Rohmaterial herzustellen, von dem sich auch die Kuh ernährt – also Gras –, nur eben ohne den Umweg über die Kuh. Stattdessen werde das Gras destilliert und hinterher mit Kohlenhydraten, pflanzlichen Fetten und Mineralsalzen angereichert. Noch im selben Jahr – wie gesagt, das war 1962 – sollte mit der Massenproduktion begonnen werden. Aber daraus ist offenbar nichts Marktfähiges geworden. Und ich bezweifle auch, dass das Ganze wirklich milchähnlicher gewesen wäre als Sojamilch.

Die Sojamilch wurde übrigens in China erfunden, wie überhaupt eine Menge Versuche, Milchersatzstoffe herzustellen, aus dem asiatischen Raum stammen. Das Motiv hier war weniger das Sparen von Ressourcen als die Tatsache, dass Laktose-Unverträglichkeit in Asien genetisch bedingt sehr viel verbreiteter ist als bei uns.

Sollten Kinder Kuhmilch trinken? Heute wird ja oft abgeraten – was stimmt denn nun?

Allergologen sagen, dass Kuhmilch für Kleinkinder nicht unbedingt zu empfehlen ist. Denn man hat festgestellt: Wenn sie allzu früh gegeben wird, kann sie Allergien auslösen oder zumindest fördern. Die Milch enthält bestimmte Eiweiße, die allergen wirken. Manche Babys reagieren auf Kuhmilch unmittelbar allergisch, sodass das offensichtlich ist. Daneben gibt es Hinweise, dass Milch mittelfristig Neurodermitis fördert bzw. generell die Anfälligkeit für Allergien. Deshalb lautet die allgemeine Empfehlung, Babys zumindest im ersten Lebensjahr gar keine Kuhmilch zu geben, auch keine anderen Milchprodukte, und in den Monaten danach eher vorsichtig damit zu sein. Kuhmilch sollte deshalb nicht als Ersatz für Muttermilch herhalten – da gibt es inzwischen bessere Muttermilchersatzprodukte.

Und wenn die Kinder älter sind? Man sagt ja, dass Milch wichtig sei für den Knochenbau.

Da geht es hauptsächlich um das Kalzium. Auch heute ist noch oft zu hören, dass Milch viel Kalzium enthalte, Kalzium wichtig sei für den Knochenaufbau und Kinder daher Milch brauchen. Davon ist aber nur die mittlere Aussage richtig: Kinder brauchen Kalzium. Falsch ist, dass sie dafür zwingend auf Milch angewiesen wären. Denn es gibt inzwischen Hinweise, dass – auch wenn Milch viel Kalzium enthält – das Kalzium in der Milch vom Körper gar nicht so gut aufgenommen werden kann. Außerdem ist Kuhmilch keineswegs die einzige Kalziumquelle. Viel Kalzium ist in grünem Gemüse enthalten – Spinat, Brokkoli, Fenchel usw. Vor allem aber ist es natürlich im Leitungswasser und Mineralwasser drin, und da – je nach Quelle – in einer viel höheren Konzentration. Zum Vergleich: 100 Gramm Vollmilch enthalten 120 Milligramm Kalzium, die meisten Mineralwässer enthalten eher mehr, manche sogar das Vier- bis Fünffache.

Man kann also sagen: Bei älteren Kindern kann Milch – wenn keine Milchunverträglichkeit vorliegt – durchaus ein wertvoller Bestandteil der Nahrung sein; aber dass Kuhmilch unverzichtbar wäre und Kinder ohne Kuhmilch bleibende Knochenschäden davontragen, davon kann man heute nicht mehr sprechen.

Stimmt es, dass Milch Morphium enthält?

Da ist tatsächlich etwas dran. Konkret geht es um sogenannte Casomorphine – das sind Stoffe, die beim Abbau von Casein entstehen, einem Bestandteil von Milcheiweiß. Diese Morphine haben eine opiatähnliche Wirkung (Morphin ist nur die neuere Bezeichnung für Morphium).

Nun sagt natürlich die Alltagserfahrung, dass Milch nicht wirklich als Rauschmittel taugt – was schon darauf hindeutet, dass sich die Mengen offenbar in Grenzen halten. In Käse und Schokolade ist die Konzentration sogar etwas höher, aber natürlich noch immer weit unterhalb dessen, was unter das Betäubungsmittelgesetz fallen würde.

Die Aussage, Milch enthalte Morphium, findet man im Internet vor allem auf Seiten, die Argumente für vegane Ernährung auflisten. Diese Behauptung ist also, wörtlich genommen, nicht falsch, es wäre nur etwas schräg, daraus ein Argument gegen Milch und für vegane Ernährung zu konstruieren. Zum einen gibt es ähnliche Morphine auch in Getreide. Dort sind es die Abbauprodukte des Glutens und die heißen entsprechend Gluteomorphine. Und wenn man Mehlprodukte isst, nimmt man im Verhältnis mehr Morphin zu sich, als wenn man Milch trinkt.

Außerdem kommen diese Morphine nicht nur in der Kuhmilch vor, sondern auch in der Muttermilch. Und Forscher vermuten sogar, dass es unter anderem diese Casomorphine sind, weshalb Muttermilch auf Säuglinge so wirkt, wie sie wirkt: beruhigend, vielleicht sogar ein bisschen beglückend und übrigens schmerzlindernd. Dafür wird Morphium ja auch in der Medizin eingesetzt. Zur Bekämpfung unerträglicher Schmerzen – und die winzige Dosis in der Muttermilch könnte somit ebenfalls ein paar Schmerzen lindern.

Allerdings haben diese Morphine in der Milch und im Mehl auf manche Menschen möglicherweise auch negative Wirkungen. Es gibt Hinweise, dass sich bei schizophrenen Patienten der Zustand bessert, wenn sie auf milch- und glutenhaltige Nahrung verzichten. Ähnliches glauben Forscher bei Autisten beobachtet zu haben. Zwar kann man nicht sagen, dass diese Morphine Autismus und Schizophrenie „auslösen" – da spielen auch viele andere Faktoren eine Rolle –, aber sie können anscheinend die Symptome verstärken. So richtig viel weiß die Wissenschaft darüber allerdings noch nicht.

Stimmt es, dass man Antibiotika nicht mit Milch einnehmen sollte?
Das gilt für manche Antibiotika, aber längst nicht für alle. Manche enthalten Wirkstoffe, die sich mit dem Kalzium in der Milch zu größeren molekularen Klumpen verbinden. Diese Klumpen sind zu groß und sperrig, um die Darmwand zu durchdringen und ins Blut zu gelangen. Die antibiotischen Wirkstoffe bleiben dann wirkungslos, weil sie den Darm nicht verlassen können. Aber, wie gesagt, das gilt nur für ganz bestimmte Antibiotika, darunter auch das Breitband-Antibiotikum Tetrazyklin, das bei vielen Infektionskrankheiten eingesetzt wird, oder Norfloxacin – das bei Harnwegsinfektionen zum Einsatz kommt.

Wer diese Mittel nimmt, muss aber nicht auf Milch verzichten. Es reicht, zwischen Milch und Tabletteneinnahme vielleicht 2 Stunden verstreichen zu lassen, damit Wirkstoff und Kalzium sich im Bauch nicht gleich über den Weg laufen. Wenn sich ein Antibiotikum (oder ein sonstiger Wirkstoff) nicht mit Milch verträgt, muss das in der Packungsbeilage stehen.

Warum sind fast alle Glasflaschen am unteren Rand geriffelt?

Die Riffel verhindern zum einen, dass sich eine Flasche am Tisch quasi „festsaugt". Das ist jedenfalls die Erklärung, die ich bei einem Flaschenhersteller – der Glashütte Freital GmbH in Sachsen – zu hören bekam.

Flaschen haben ja in der Regel keinen ebenen Boden, sondern sind nach innen gewölbt. Nun muss man davon ausgehen, dass wir im Alltag viele Getränkeflaschen im Kühlschrank aufbewahren. Ich stelle also eine kalte Flasche auf den Tisch. Zwischen Flasche und Tischplatte ist nun, bedingt durch die Wölbung, ein Hohlraum. Was passiert? Die kalte Flasche kühlt die Luft in diesem Hohlraum. Kalte Luft zieht sich aber zusammen. Hätte der Boden keine Riffel, würde also zwischen Flasche und Tischplatte ein Unterdruck entstehen, die Flasche würde am Tisch haften.

Und es passiert noch mehr: Wenn sich die Luft zwischen Flasche und Tisch abkühlt, kann außerdem Kondenswasser entstehen. Das Kondenswasser würde am Glasboden Richtung Rand fließen, und auf der Tischplatte können dann Wasserränder entstehen. Ohne die Riffel entstünde am Boden ein regelrechter Wasserfilm. Den zu verhindern ist ebenfalls eine Funktion der Riffel. Sie sorgen nämlich dafür, dass die Kontaktfläche zwischen Glas und Tisch nicht geschlossen ist, sondern dass es Lücken und somit einen Luftaustausch gibt.

Und es gibt noch einen weiteren Grund: Angenommen, die Glasflasche hätte keine Riffel. Dann könnte es trotzdem passieren, dass bei der Herstellung am Glasboden kleine Unebenheiten entstehen oder dass auf dem Tisch ein Sandkorn oder Ähnliches herumliegt. Wenn nun auf einem solchen kleinen Punkt das Gewicht der ganzen Flasche lastet, kann es zu Spannungsrissen im Glas kommen. Das Glas würde instabil – auch das will man mit den Riffeln verhindern. Sie sorgen von vornherein dafür, dass sich die Druckbelastung gleichmäßig auf viele Punkte verteilt.

Der Hauptgrund für die Riffel ist aber der Kondenswasser-Effekt bei Flaschen, die man aus dem Kühlschrank holt. Deshalb haben Parfümflaschen wiederum in der Regel keine Riffel, denn sie stehen nun mal in der Regel nicht im Kühlschrank.

Ist jedes Bier isotonisch oder nur alkoholfreies?

Tatsächlich ist alkoholfreies Bier meist isotonisch, „normales" Bier nicht. Selbst wenn es isotonisch wäre, dürften die Bierbrauer nicht damit werben, weil alkoholische Getränke generell nicht mit nährstoffbezogenen Hinweisen werben dürfen. Aber normales Vollbier ist nicht isotonisch, sondern wegen des zusätzlichen Alkohols hypertonisch.

Zur Erklärung: Isotonisch sind Getränke dann, wenn sie genauso viele Nährstoffe und Mineralien, bzw. allgemein gesprochen genauso viele gelöste Teilchen, enthalten wie unser Blut. Dann nämlich, sagen Ernährungsphysiologen, kann der Körper zumindest bei sportlicher Anstrengung die Flüssigkeit und die Mineralien am besten und schnellsten aufnehmen.

Wenn eine Flüssigkeit zu viele Nährstoffe enthält – zum Beispiel ein unverdünnter Fruchtsaft – dann entziehen sie dem Körper eher Flüssigkeit. Ähnlich ist es beim Vollbier – es ist nicht ganz so nährstoffreich wie zum Beispiel purer Orangensaft, aber Bier ist immer noch vom Nährstoffgehalt sozusagen „dicker" als das Blut und deshalb eben nicht iso- (iso bedeutet „gleich") sondern hypertonisch (hyper = über).

Deshalb kommen die Mineralien, die im Bier an sich drin sind, dem Körper gar nicht zugute. Sie werden beim Alkoholabbau in der Leber zum Teil gleich wieder ausgeschieden. Also die Vorstellung, normales Bier und alkoholfreies Bier würden sich nur darin unterscheiden, dass man sich mit alkoholhaltigem Bier betrinken kann und ansonsten alles gleich ist, die ist falsch.

Es gibt übrigens auch beim alkoholfreien Bier Ausnahmen: Die Stiftung Warentest hat das vor ein paar Jahren untersucht und festgestellt: Gerade viele alkoholfreie Weizen sind nicht isotonisch, obwohl sie zum Teil damit werben. Sie sind vielmehr hypotonisch, also „dünner" als Blut.

Letztlich sind das Unterschiede, über die sich der normale Breitensportler nicht allzu sehr den Kopf zerbrechen sollte – erst bei stundenlangem Ausdauersport, das entspricht der Kategorie „Marathonläufer", wird das interessant. Aber auch dann muss es kein spezieller Fitnessdrink sein – eine normale Apfelsaftschorle ist genauso isotonisch.

Entzieht auch koffeinfreier Kaffee dem Körper Wasser?

Nein – aber das „auch" in der Frage stimmt nicht ganz. Dass nämlich Kaffee dem Körper Wasser entzieht, hat man mal geglaubt, es ist allerdings längst überholt. Der Mensch soll ja täglich möglichst 1,5–2 Liter Wasser pro Tag trinken, bei Hitze entsprechend mehr. Früher hat man nun gesagt, Kaffee dürfe man dabei nicht mitrechnen – oder müsse ihn sogar wieder „abziehen", weil er den Körper entwässere. Diese Idee kam auf, weil Kaffee, genau wie Tee, harntreibend wirkt. Das ist zwar richtig, ändert aber nichts daran, dass das Wasser im Kaffee immer noch Wasser ist – und vom Körper auch so behandelt wird. Wir gehen nach zwei Tassen vielleicht bald aufs Klo – doch der Körper gleicht das intern wieder aus; wir brauchen deshalb in der Summe nicht mehr Flüssigkeit zu uns zu nehmen.

Dennoch sollte man Kaffee nicht unbedingt als Durstlöscher verwenden. Das hat aber nichts mit dem Wasserhaushalt zu tun, sondern vor allem mit seinen sonstigen Wirkungen auf Herz und Kreislauf. Koffeinfreier Kaffee ist da natürlich schonender. Er wirkt auch nicht so harntreibend wie normaler Kaffee. Aber allein für den Wasserhaushalt des Körpers ist es unerheblich, ob Sie normalen Kaffee trinken oder entkoffeinierten.

Gerüchte und Geraune

Stehen die Farben der fünf olympischen Ringe für bestimmte Kontinente?

Die Erklärung, die ich aus meiner Kindheit kenne und die mir damals sehr einleuchtete, lautet: Ja, die Farben sind bestimmten Kontinenten zugeordnet. Der schwarze Ring steht für Afrika, der rote Ring für Amerika, der gelbe für Asien, der grüne für Australien und der blaue Ring für Europa – angeblich, weil es in Europa so viele Menschen mit blauen Augen gibt.

Die olympischen Ringe

Später dachte ich: das kann ja nicht sein, da hat mir jemand dummes Zeug erzählt. Denn wenn das wirklich die Erklärung wäre, hätte vermutlich längst eine breite Diskussion eingesetzt, ob die Farben noch zeitgemäß sind. Die Erklärung strotzt ja nur so von rassistischen Klischees: rote Indianer, gelbe Asiaten, schwarzes Afrika, blauäugige Europäer …

Dann habe ich aber herausgefunden, dass die Farben tatsächlich bis 1951 im offiziellen Handbuch der Olympischen Spiele so erklärt wurden. Nur: Es ist völlig unklar, wie diese Farbenlehre da reingekommen ist. Denn als das Symbol der olympischen Ringe vor 100 Jahren erfunden wurde, war davon noch überhaupt keine Rede. Die Idee zu den Ringen hatte der Begründer der modernen Olympischen Spiele, Pierre de Coubertin. Er sagte zwar, dass die Ringe für die 5 Kontinente stehen, und hat auch die Farben der Ringe festgelegt – er hat aber die einzelnen Farben nicht *bestimmten* Kontinenten zugeordnet. Seine Idee war vielmehr eine ganz andere.

Dazu muss man wissen, dass offiziell nicht nur die Farben der Ringe festgelegt sind, sondern auch die Hintergrund-„Farbe“ Weiß. Das Motiv besteht somit nicht aus fünf, sondern aus sechs Farben. Und die Idee war damals, dass das Motiv der olympischen Ringe mindestens eine Farbe von jeder Nationalflagge der Welt enthält. Die deutsche Flagge etwa enthält die „Ringfarben" Schwarz und Rot, die brasilianische Flagge enthält Gelb, Grün und Blau. Jedes Land sollte sich in den Ringen sozusagen wiederfinden – das war die ursprüngliche Idee, und sie war offenbar völlig frei von rassistischen Schablonen. Wie und warum die Zuordnung von Farben zu Erdteilen ins Handbuch gekommen ist, ist bis heute unklar, auf jeden Fall aber hat das Olympische Komitee diese merkwürdige Passage 1951 auch wieder aus dem Handbuch gestrichen.

Klimawandel-Skeptiker sagen: Mehr CO_2 fördert das Pflanzenwachstum. Stimmt das?

Diese These wird immer wieder bemüht. Sie findet sich auch im Parteiprogramm der AfD. Dort steht: Der Weltklimarat und die deutsche Regierung „unterschlagen die positive Wirkung des CO_2 auf das Pflanzenwachstum und damit auf die Welternährung. Je mehr es davon in der Atmosphäre gibt, umso kräftiger fällt das Pflanzenwachstum aus".

Das klingt auf den ersten Blick plausibel: Pflanzen betreiben Photosynthese, sie verwandeln mithilfe von Sonnenlicht CO_2 und Wasser zu Biomasse. Man kann also sagen: CO_2 ist die „Hauptnahrung" von Pflanzen – je mehr CO_2 in der Luft, desto besser müssten sie also wachsen. Im Labor stimmt das auch, und dieser Effekt wird sogar genutzt. In Gewächshäusern reichert man manchmal die Luft mit CO_2 an, sodass die Tomaten besser wachsen. Zusätzliches CO_2 hat insofern tatsächlich einen „Düngeeffekt".

Es gibt eine vielbeachtete Studie, die 2016 zu folgendem Ergebnis kam: Der Globus ist insgesamt grüner geworden – die grünen Flächen haben weltweit zugenommen, und die Ursachen dafür liegen zu etwa zwei Dritteln in der erhöhten CO_2-Konzentration der Atmosphäre. Auch das klingt wie ein Beweis für die „Dünge-Theorie". Doch die Natur ist etwas komplizierter.

Der CO_2-Düngeeffekt wurde wissenschaftlich recht intensiv erforscht. Die wichtigsten Ergebnisse sind: Im Freiland ist er schon sehr viel schwächer als im Labor und es kommt sehr auf die Pflanze an. Bestimmte Pflanzen wie Mais oder Hirse können das zusätzliche CO_2 gar nicht verarbeiten. Sie wachsen kein bisschen schneller. Andere Pflanzen wie Soja oder Weizen sehr wohl. Aber – auch das wurde gezeigt – das geht dann zulasten der Qualität, der schneller wachsende Weizen enthält weniger Eiweiß. Ernährungsphysiologisch ist das schlecht. Insofern hat CO_2, anders als die AfD schreibt, nicht unbedingt eine „positive Wirkung auf die Welternährung".

Aber es geht noch weiter: In tropischen Wäldern hat man festgestellt, dass bei einer erhöhten CO_2-Konzentration Lianen schneller wachsen und dann andere Pflanzen verdrängen – Bäume zum Beispiel. Bäume sind aber wichtige Kohlenstoffspeicher. Und das zeigt schon, wie schwierig es ist, einfach zu sagen „Die grünen Flächen nehmen zu". Wenn im Regenwald die Bilanz ist: mehr Lianen, weniger Bäume, dann ist das kontraproduktiv – denn obwohl ein lianenreicher Wald mehr grüne Blätter haben mag, speichert er trotzdem weniger Kohlenstoff.

Bei Bäumen hat man aber noch etwas ganz anderes beobachtet. Es gab Experimente, etwa in der Schweiz, da hat man natürliche Wälder einer erhöhten

CO_2-Konzentration ausgesetzt, indem man durch die Kronen perforierte Schläuche gelegt hat, durch die CO_2 austrat. Und das über Jahre. Das Ergebnis war: Der Stoffwechsel der Bäume hat sich zwar beschleunigt, sie sind aber trotzdem nicht schneller gewachsen. Die Erklärung: Die Bäume haben zwar mehr Photosynthese betrieben, konnten also aus dem zusätzlichen CO_2 mehr Zucker und Stärke bauen, aber daraus wurde keine Pflanzenmasse, sondern die Stärke landete im Boden und wurde dort wieder von Mikroorganismen abgebaut. Mit anderen Worten: Wäre der Wald ein Unternehmen, könnte man sagen, der Umsatz hat sich durch das zusätzliche CO_2 zwar erhöht, der Gewinn dagegen stagnierte.

Und man darf eins nicht vergessen: Keine Pflanze lebt von CO_2 allein. Sie kann es nur dann verarbeiten, wenn auch andere Nährstoffe wie Phosphor und Stickstoff ausreichend vorhanden sind. Das ist aber oft nicht der Fall. Der Klimawandel führt in vielen Regionen auch zu verstärkter Trockenheit, und ohne Wasser nützt das zusätzliche CO_2 den Pflanzen gar nichts. Im Gegenteil, sie geraten durch den Wassermangel noch eher in Stress.

Fazit: Ja, es gibt einen Düngeeffekt durch CO_2. Der ist aber kleiner als gedacht und führt insgesamt eher zu einer veränderten Vegetationszusammensetzung. Und was die Welternährung betrifft: Hier werden die möglichen Wachstums-„Gewinne“ durch das zusätzliche CO_2 von den anderen Folgen des Klimawandels – unberechenbarere Wetterlagen, mehr Stürme, in vielen Regionen mehr Trockenheit usw. – mehr als zunichte gemacht.

Ist CO_2 wirklich der Klimakiller, obwohl er in unserer Atmosphäre nur zu 0,04 Prozent vorkommt?

Ich habe gewisse Probleme mit dem Begriff „Klimakiller“, aber dazu gleich mehr. 0,04 Prozent – das hört sich in der Tat nach lächerlich wenig an, doch letztlich sagt das erstmal nichts. Bei Arsen, Zyankali oder Plutonium kommt ja auch niemand darauf zu sagen: Ein paar Gramm, was sollen die bei einem ausgewachsenen Menschen schon ausmachen? Wie wir wissen, sind sie tödlich. Es hilft also nicht viel, nur auf die absolute Menge zu schauen. Denn bestimmte Stoffe können eben schon in kleinen Mengen große Wirkungen entfalten.

0,04 Prozent ist rechnerisch übrigens das gleiche wie 0,4 Promille. Insofern drängt sich geradezu eine Analogie auf: Bei Alkohol sind 0,4 Promille schon knapp unter der auf Deutschlands Straßen zulässigen Höchstgrenze. Also nicht nichts!

Um den Vergleich noch weiter zu treiben: In den letzten 200 Jahren hat sich die CO_2-Konzentration um knapp 50 Prozent erhöht. Stellen wir jetzt wieder eine Analogie zum Alkohol her, entspräche eine 50-Prozent-Erhöhung einem Anstieg des Alkoholpegels von 0,4 auf 0,6 Promille. Das ist schon eine relevante Größe – mit 0,6 Promille im Blut darf man nicht mehr fahren!

Trotzdem ist der Vergleich etwas schief. Denn es geht ja nicht darum, dass CO_2 giftig wäre. Wir atmen es täglich ein, und wenn sich das CO_2 erhöht, ist das für die einzelnen Lebewesen überhaupt nicht bedrohlich. Es hat auf Pflanzen sogar einen gewissen Düngeeffekt – manche wachsen schneller. Nicht die „Giftigkeit“ ist also das Problem, sondern die physikalische Wirkung des CO_2: Es absorbiert bestimmte Arten von Wärmestrahlung – behält also Wärmestrahlen, die sonst die Erde Richtung Weltraum verlassen würden, auf der Erde. Das macht die Atmosphäre wärmer. Zunächst ist das ja auch gut – ohne CO_2 in der Atmosphäre würde auf der Erde eine lebensfeindliche Kälte herrschen.

Das Dumme ist aber: Unsere Zivilisation hat sich historisch in einem bestimmten Klimastandard entwickelt. Wenn wir auch weiter immer mehr CO_2 in die Atmosphäre blasen, dann drohen die Temperaturen in historisch kurzer Zeit so schnell zu steigen, dass die Erde in ein neues, viel wärmeres Level gerät – Klimazonen verschieben sich, der Meeresspiegel steigt, Extremwetterereignisse werden vermutlich zunehmen. Das alles führt zu hohen Schäden und teuren Anpassungsmechanismen. Das ist das Problem, nicht ein vermeintlicher „Tod“ des Klimas.

Beeinflussen Windkraftwerke das Klima?

Im Kleinen auf jeden Fall: Windräder beeinflussen das Mikroklima allein dadurch, dass sie die Luft durchmischen. Wenn sich ein Windrad dreht, schaufelt es immer etwas Luft von unten nach oben und umgekehrt.

Das kann sich auf die Temperatur in Bodennähe auswirken. Die Luft ist ja geschichtet. Wenn keine Sonne scheint, also zum Beispiel frühmorgens vor Sonnenaufgang, ist die Luft unmittelbar über dem Erdboden noch relativ kalt – kalte Luft ist schwerer als warme, sammelt sich also am Boden, und mit jedem Meter Höhe wird die Luft immer wärmer.

Wenn sich nun über dem Boden Windräder drehen, wirbeln sie die kalte Luft nach oben und die warme nach unten. Das führt dazu, dass auf dem Gelände eines Windparks die Temperaturen an der Bodenoberfläche verglichen mit der Umgebung steigen – insofern kann man sagen, dass sich das lokale Mikroklima erwärmt. Wenn wir uns jetzt vorstellen, dass dort Ackerland ist, kann das Vor- und Nachteile haben. Ein positiver Effekt könnte sein, dass die Windräder, indem sie etwas wärmere Luft zum Boden wirbeln, die Zahl der Tage mit Bodenfrost verringern bzw. überhaupt die Gefahr von Bodenfrost reduzieren. In anderen Gegenden kann es einen negativen Effekt haben, wenn dort durch Luftzufuhr vom Windrad der Boden schneller austrocknet. Es kommt also auf den Standort an.

Man muss aber fair sein: Wenn man über die Auswirkungen von Windrädern spricht, muss man sie mit anderen Eingriffen in die Landschaft vergleichen. Da sieht es anders aus: Städte, Hochhäuser, neue Siedlungen, aber auch herkömmliche Kraftwerke, die viel Wärme in die Umgebung abstrahlen, beeinflussen das Mikroklima in ihrer Umgebung in der Regel wesentlich stärker.

Effekte über das Mikroklima hinaus sind bisher nicht belegt. Die Frage ist aber berechtigt, denn Windräder entziehen ja der Atmosphäre Energie. Wenn der Wind durch einen Windkraftpark weht, wird er immer etwas gebremst. Nach allem, was Wissenschaftler sagen, macht das heute noch nicht viel aus. Doch wenn man weltweit die Windenergie massiv ausbauen würde – also wenn es irgendwann 100-mal so viele Windräder geben würde wie heute – dann würde das einfach die Gesamtwindmenge auf der Erde verringern, weil der Wind ja überall gebremst würde. Wind ist aber fürs Klima sehr wichtig, denn der Wind bringt Wärme aus warmen in kalte Gegenden und er nimmt Feuchtigkeit aus den Meeren auf.

Wenn weltweit der Wind durch Windräder gebremst würde, hätte das Auswirkungen auf all diese Vorgänge. Allerdings sind das bisher nur Modellrechnungen, die auch sehr umstritten sind. Denn – und jetzt kommt wieder die

Gesamtbetrachtung – es ist zwar richtig, dass Windräder zunächst Energie aus der Atmosphäre „herausholen", aber diese Energie wird ja genutzt, um Strom zu erzeugen, zum Beispiel um Straßen zu beleuchten oder Maschinen zu betreiben. Und irgendwann, am Ende dieser Nutzungskette, endet die Energie wieder als Wärme bzw. Abwärme in der Atmosphäre. Also fließt die Energie, die das Windrad an einer Stelle aus der Atmosphäre rausholt, anderswo wieder in die Atmosphäre zurück. Das ist ein Kreislauf. Insofern erwarten die meisten Wissenschaftler nicht, dass Windenergienutzung im großen Stil das Weltklima beeinflusst – wenn, dann positiv dadurch, dass mithilfe von Windenergie weniger Kohle und Gas verbrannt werden muss.

Wie viele Geheimdienste haben die USA?

Offiziell sind es 16 Nachrichtendienste. Man muss das immer mit einer gewissen Vorsicht sagen, denn es kann ja sein, dass da noch der ein oder andere im Geheimen agiert. Zumindest früher war das so: Bis in die 1960er-Jahre hinein gab es offiziell nur die CIA und erst danach wurden all die anderen bekannt – einschließlich der NSA. In Großbritannien ist es übrigens das Gleiche: Die Briten haben bis Ende der 80er-Jahre offiziell nicht zugegeben, einen Auslandsgeheimdienst zu haben, obwohl dessen Existenz ein offenes Geheimnis war.

Hier hat sich einiges geändert. Heutzutage wäre es wohl in einer Demokratie kaum möglich, eine Behörde, in der Tausende von Menschen arbeiten, vor der Öffentlichkeit geheim zu halten. Insofern gibt es in den USA wohl tatsächlich nicht mehr als die 16 Nachrichtendienste, die offiziell bekannt sind. Und 16 sind ja auch schon viel. Deutschland hat nur drei: den BND, das Bundesamt für Verfassungsschutz und den Militärischen Abschirmdienst MAD. Allerdings haben bei uns die einzelnen Länder zusätzlich ihre jeweiligen Landesämter für Verfassungsschutz. Trotzdem hat der US-Geheimdienstapparat natürlich eine ganz andere Größenordnung.

CIA, NSA – die kennen wir –, aber was gibt es da noch alles für Einzelgeheimdienste?

Jede Menge. Zum Beispiel gibt es die Drogenbekämpfungseinheit DEA. Und ganz viele Ministerien haben ihre eigenen Geheimdienste. Das Finanzministerium beispielsweise hat einen Geheimdienst – die OIA –, der gegen Geldwäsche vorgehen soll, aber auch Kanäle aufspüren und trockenlegen, aus denen sich Terroristen finanzieren. Das Energieministerium hat einen eigenen Geheimdienst – das OICI –, der sich mit Dingen wie Nuklearschmuggel beschäftigt. Daran sieht man, dass das Geheimdienstwesen der USA ziemlich zersplittert ist. Und so kommen eben 16 verschiedene Dienste zusammen.

Im Vergleich zu Deutschland sind es nicht nur mehr Dienste, sondern auch viel mehr Mitarbeiter. Nehmen wir den Bereich technische Aufklärung – Ausspähen von Internet, Mobilfunk usw. –, dafür sind beim BND etwa 1000 Mitarbeiter zuständig, bei der NSA sind es fast 40 000. Das ist auch ungefähr das Gesamtverhältnis: Die Vereinigten Staaten geben 40-mal so viel Geld für ihre Geheimdienste aus wie Deutschland.

Stimmt es, dass man bei Menschen allein durch Suggestion Brandblasen hervorrufen kann?

Ja – zumindest bei einzelnen Menschen. Solche Fälle sind dokumentiert, fast immer war dabei Hypnose im Spiel. Das Prinzip: Dem hypnotisierten Menschen wird ein kalter Gegenstand auf die Haut gedrückt, zum Beispiel eine Münze oder einfach ein Finger. Gleichzeitig wird ihm gesagt, dass es sich um etwas sehr Heißes handele, eine glimmende Zigarette zum Beispiel. Dann entwickelt die Versuchsperson an der Stelle eine Brandblase, und dies oft erst, nachdem sie längst aus der Hypnose aufgewacht ist. In einer Variante dieses Versuchs wird gar nichts auf die Haut gedrückt, sondern nur über Sprache suggeriert, dass sich die Haut verbrennt. Solche Experimente gab es schon im 19. Jahrhundert.

Allerdings sind viele dieser alten Berichte nicht so sorgfältig dokumentiert, dass man sie als wissenschaftlich gesichert betrachten könnte. In den 1960er-Jahren gab es eine Studie, die all diese alten Berichte von solchen Experimenten nochmal gründlich überprüft hat. Fast ein Drittel davon konnte wissenschaftlich nicht verwendet werden, entweder weil der Versuchsaufbau nicht dokumentiert war oder weil der Hypnotiseur das Experiment allein durchgeführt hat und es keine Zeugen gab.

Bei einigen weiteren Versuchen wiederum war nicht ganz klar, ob die vermeintlichen Brandblasen wirklich durch Suggestion entstanden waren oder ob es sich nicht um ganz normale Hautirritationen gehandelt hat, die einfach durch intensive Reibung oder auch durch eine Kontaktallergie entstanden sind.

Dennoch bleiben ein paar der alten Berichte übrig, die wissenschaftlichen Kriterien genügen. Und dabei stellte sich heraus: Fast all diejenigen Versuchspersonen, bei denen das Ergebnis weitgehend unstrittig ist, waren psychisch auffällig. Sie wurden im damaligen psychologischen Vokabular als „hysterische" Persönlichkeiten dargestellt. Heute benutzen Psychologen ein etwas differenzierteres Vokabular, aber zumindest lässt diese Wortwahl in den alten Berichten darauf schließen, dass die Versuchspersonen, bei denen die Versuche geklappt haben, möglicherweise besonders empfänglich für suggestive Botschaften waren.

Zum Beispiel ist der Fall eines Patienten dokumentiert, der im Krieg schwere Verletzungen durch Granatsplitter davongetragen hat. Er sollte nun unter Hypnose dieses schreckliche Geschehen noch einmal durchleben. Dabei wurde ihm unter anderem suggeriert, er sei wieder von einem geschmolzenen Metallstück getroffen worden. Gleichzeitig berührte der Hypnotiseur mit einer kleinen metallischen Feile die Haut. Auch bei diesem Patienten fing die Haut zunächst an sich zu röten. Die Hypnose wurde dann abgebrochen, aber im Verlauf der weiteren Stunde entwickelte sich an der entsprechenden Stelle wieder eine typische Brandblase.

Heute würde man von einem „Nocebo-Effekt“ sprechen – damit bezeichnen Mediziner die Umkehrung des Placebo-Effekts. Eine Placebo-Therapie wirkt allein dadurch, dass ich an sie glaube. Der Nocebo-Effekt wirkt ebenfalls durch Suggestion – nur eben negativ. Ich glaube an eine Schädigung – und dadurch tritt sie auch ein.

Gibt es eine Erklärung, wie das nun bei den Brandblasen funktioniert?
Es gibt eine gewisse Vorstellung, die aber in keinem konkreten Fall bewiesen wurde. Immerhin hat die psychosomatische Medizin gezeigt, wie eng geistig-psychische Phänomene und körperliche Vorgänge manchmal zusammenhängen. Das gilt in besonderem Maße für neurologische und immunologische Vorgänge, also für alles, was mit unseren Nerven einerseits und mit unserer Immunabwehr andererseits zu tun hat.

Und eine Brandblase ist letzten Endes auch so ein Vorgang. Wir nehmen Brandblasen zwar meist als direkte Folge einer äußeren Einwirkung wahr – eines Kontakts mit einem heißen Gegenstand. Tatsächlich ist eine Brandblase im Grunde aber eine Heilungsreaktion, die der Körper selbst in Gang setzt, um die durch die Hitze zerstörten Zellen abzustoßen und zu erneuern. Das Experiment zeigt, dass es möglich ist – zumindest bei manchen Personen –, über den Umweg des Geistes dem Körper zu suggerieren, dass es an der Haut etwas zu reparieren gibt.

Die genannten und spätere Experimenten bestätigten: Die Brandblasen-Suggestion funktioniert bei manchen, aber längst nicht bei allen Menschen. Und man darf das Ergebnis auch nicht überinterpretieren. Bei diesen Versuchen ging es immer nur um Brandblasen bzw. – um es noch vorsichtiger zu sagen – brandblasenähnliche Hautirritationen. Es wäre falsch, die Experimente dahingehend zu verallgemeinern, dass mit man mit Suggestion auch zum Beispiel Messerschnitte erzeugen oder einen Finger brechen könnte.

Sind wirklich mehr Männer hochbegabt als Frauen?

Das ist eine der vielen Behauptungen des streitbaren Buchautors Thilo Sarrazin. Zwar ist es um ihn inzwischen etwas still geworden, doch manche seiner Thesen haben sich in vielen Köpfen festgesetzt. Dazu gehört die Behauptung, dass es unter Hochbegabten mehr Männer gebe.

Das ist so eine klassische Halbwahrheit. Zunächst sind Männer im Schnitt genauso intelligent wie Frauen. Die Mittelwerte ihrer Intelligenzquotienten unterscheiden sich nicht. Sie liegen in beiden Fällen etwas über 100. Richtig ist: Es gibt bei Männern eine größere Streuung, also mehr Ausreißer nach oben *und* nach unten. Mehr Superintelligente mit einem IQ höher als 130, aber auch mehr geistig Behinderte mit einem IQ unter 70. Für diese größere Streuung gibt es eine – bislang allerdings nur theoretische – Erklärung.

Frauen und Männer unterscheiden sich bekanntlich in den Chromosomen. Männer haben ein X- und ein Y-Chromosom. Ein erheblicher Teil der Erbanlagen, die über geistige Fähigkeiten mitentscheiden, befindet sich auf dem X-Chromosom. Wenn eines oder mehrere dieser Gene mutieren, wird der entsprechende Mann – platt gesagt – entweder besonders schlau oder umgekehrt besonders dumm. Die gleichen Veränderungen können natürlich bei einer Frau auftreten – doch während beim Mann eine Veränderung auf dem einen X-Chromosom voll durchschlägt, hat die Frau ja noch ein zweites. Und das kann die Wirkung des ersten X-Chromosoms ausgleichen und somit abschwächen. So zumindest die Theorie.

In der Praxis ist es noch komplizierter. Denn zwar scheint es so etwas wie eine allgemeine Intelligenz zu geben, aber trotzdem kann man Begabungen differenzieren nach zum Beispiel mathematischer, sprachlicher oder räumlicher Intelligenz. Es gibt so etwas wie Bewegungsintelligenz und musikalische Begabung. Und da unterscheiden sich die Geschlechter. Frauen liegen beispielsweise in der sprachlichen Intelligenz vorne, und ihre Wahrnehmung ist zum Teil schneller und vielfältiger. Männer sind besser im Rechnen und im räumlichen Vorstellungsvermögen.

Das alles sagt noch nichts darüber, inwieweit diese Unterschiede angeboren sind oder durch Sozialisierung entstehen. Die Wissenschaft hat längst bestätigt: Beides ist im Spiel, die Gene und ebenso der Einfluss von Bildung, Erziehung und dem persönlichen Umfeld. Und dieser Einfluss wächst mit zunehmendem Alter. Sarrazin hat also im Grunde nichts Falsches gesagt, wenn er Intelligenzunterschiede zwischen Männern und Frauen feststellt, er verschweigt nur die Hälfte.

Und da er schon von Begabungen spricht, lohnt sich auch ein Blick auf eine andere Statistik, die der deutschen Hochbegabtenförderung. Dort haben 2008 die Frauen die Männer überholt. Seitdem werden mehr Frauen von der Studienstiftung des Deutschen Volkes für förderungswürdig gehalten als Männer. Auch in den Schulabschlüssen fallen die Jungs gegenüber den Mädchen tendenziell zurück.

Stimmt es, dass Cornflakes weniger Nährstoffe enthalten als ihre Verpackung?

Das stimmt so pauschal nicht. Cornflakes sind sicher keine Vollwert-Nahrung, aber sie enthalten im Vergleich zu Pappe immerhin mehr Mineralien, Vitamine und Eisen – zumal bei bestimmten Cornflakes Eisen extra zugesetzt wird. Trotzdem geistert seit Jahren im Internet diese Behauptung herum, allerdings ohne Quellenangabe.

Verfolgt man diese Seiten chronologisch zurück, stellt man fest, dass sich die Behauptung im Lauf der Jahre leicht verändert hat. Auf älteren Seiten ist nämlich weniger von Nährstoffen die Rede als vielmehr vom Nährwert. Vermutlich hat es sich da mal jemand leicht gemacht und den Nährwert einfach gleichgesetzt mit dem Brennwert – also den Kalorien. Und dann stimmt es – fast.

Cornflakes liefern, je nach Hersteller, Energie von rund 270 bis 370 Kilokalorien pro 100 Gramm, das entspricht 1100 bis 1500 Kilojoule. Die oberen Werte werden vor allem dann gemessen, wenn die Cornflakes gezuckert sind. Verbrennt man Pappe, beträgt der Brennwert auch etwa 1500 Kilojoule, eher leicht darüber. Ja, das kann man vergleichen, da auch Nahrung im Körper chemisch „verbrannt" wird. Man kann also sagen: Der Brennwert von gezuckerten Cornflakes ist mit dem Brennwert von Pappe vergleichbar, nicht gezuckerte Cornflakes liegen sogar darunter.

Brennwert ist allerdings nicht gleich Nährwert. Der Nährwert sagt ja auch etwas darüber aus, wie gesund ein Nahrungsmittel ist – also wie hoch ist der Anteil an ungesättigten Fettsäuren, essentiellen Aminosäuren, Vitaminen, Mineralstoffen? Da machen Cornflakes zwar nicht viel her – aber Pappe ist wirklich nicht besser.

Ein Wort noch zum Eisen: Es gibt schöne Filmchen im Internet, die zeigen, dass Cornflakes, die im Wasser schwimmen, sogar von Magneten angezogen werden – „So viel Eisen enthalten die!" Das funktioniert nicht mit allen Cornflakes, aber tatsächlich reichern manche Hersteller ihre Cornflakes extra mit Eisen an, um hinterher auf die Verpackung zu schreiben: Enthält viel Eisen.

Das Problem ist nur, dass Mediziner davon gar nicht viel halten. Es ist ja inzwischen bekannt, dass Nährstoffe, die der Nahrung künstlich in hohen Mengen zugefügt werden, vom Körper oft gar nicht gut aufgenommen werden. Und was das Eisen in Cornflakes betrifft, sagt das Bundesamt für Risikobewertung: Das viele Eisen in den Cornflakes ist nicht unbedingt gesundheitsgefährdend, es könnte aber die Aufnahme anderer Spurenelemente wie Zink verhindern.

Fazit: Cornflakes enthalten in der Summe mehr Nährstoffe als die Pappe und eignen sich als Nahrungsmittel auf jeden Fall besser. „Gesund“ sind sie deshalb aber noch nicht.

Stimmt es, dass eine verkehrt herum aufgeklebte Briefmarke in Großbritannien als Majestätsbeleidigung gilt und mit Gefängnis bestraft werden kann?

Nein, das ist ein Gerücht, das sich hartnäckig hält. Es bezieht sich darauf, dass britische Briefmarken üblicherweise als Motiv die Queen haben. Und eine falsch herum aufgeklebte Queen wäre Ausdruck dafür, dass man die Queen oder die Monarchie als Ganzes abschaffen will. Tatsächlich gibt es in Großbritannien den „Treason Felony Act" – also ein Gesetz, das Angriffe auf die Monarchie als Hochverrat wertet.

In diesem Gesetz steht aber erstens nichts von Briefmarken, geschweige denn darüber, wie man sie deutet. Und zweitens: Selbst wenn man eine auf dem Kopf stehende Queen als Missbilligung der Monarchie interpretieren würde – Großbritannien kennt bekanntlich die Meinungsfreiheit. Und es ist auch in Großbritannien durchaus erlaubt, die Abschaffung der Monarchie zu fordern. Das ist nicht strafbar. Die britische Post – die Royal Mail – jedenfalls sagt ausdrücklich: Es ist völlig okay, Briefmarken falsch herum aufzukleben.

Benutzen wir wirklich nur 10 Prozent unseres Gehirns?

Vermutlich benutzen wir 100 Prozent – wenn auch nicht immer gleichzeitig. Falls Sie das Gerücht im Kopf haben, Einstein hätte gesagt, wir nutzen nur 10 Prozent unseres Gehirnpotenzials, vergessen Sie's! Weder gibt es einen Beleg, dass Einstein das gesagt hat, noch stimmt es inhaltlich.

Das Gerücht hat der Gründer von Scientology, Ron Hubbard, in die Welt gesetzt. Es wird heute noch von Scientology verbreitet, verbunden mit der mehr oder weniger explizit ausgesprochenen Botschaft: Scientology hilft ihnen, auch die restlichen 90 Prozent Ihres Gehirns zu nutzen. Das das ist ein hohles Versprechen. Denn dass an den „10 Prozent" nichts dran ist, kann man sich leicht klarmachen.

Es gibt viele Patienten, bei denen – zum Beispiel durch einen Unfall oder einen Schlaganfall – Teile des Gehirns geschädigt sind. Würden wir wirklich nur 10 Prozent nutzen, dann würden die meisten Hirnschädigungen ohne Folgen bleiben. In Wirklichkeit führt aber fast jede Hirnschädigung zu irgendwelchen Einschränkungen. Das heißt im Umkehrschluss, dass all die betroffenen Hirnregionen vorher zu etwas gut gewesen sein müssen.

Zweiter Hinweis: Wir können uns das Gehirn vorstellen als ein großes Knäuel von Milliarden von Nervenzellen. Diese Milliarden von Nervenzellen sind untereinander wiederum durch jeweils Milliarden von Verbindungen vernetzt. Jetzt hat die Hirnforschung gezeigt, dass das Hirn sehr plastisch ist: Sobald wir etwas lernen, bilden sich neue Verbindungen zwischen Nervenzellen. Und sobald wir diese Verbindungen nicht mehr nutzen, fangen sie ziemlich schnell an zu verkümmern. Auch das spricht dafür, dass wir wirklich alle Bereiche des Gehirns nutzen, denn alles, was wir nicht nutzen, wird mit der Zeit abgebaut und wäre dann gar nicht mehr vorhanden.

Aber natürlich sind nicht sämtliche Teile des Gehirns immer ausgelastet. Nicht alle Nervenzellen feuern immer und ständig. Das wäre auch gar nicht gut. Wir würden dann nämlich ständig herumzappeln, könnten uns auf nichts mehr konzentrieren und hätten gar keine Kontrolle mehr über uns. Insofern ist es schon ganz in Ordnung, dass wir zu jedem Zeitpunkt immer nur die Teile des Gehirns nutzen, die wir für eine konkrete Aufgabe gerade brauchen.

Somit ist schon die Grundannahme falsch, die dem „10-Prozent-Gerücht" zugrunde liegt. Denn es ist eben nicht so, dass das geistige Potenzial umso größer ist, je mehr Gehirnanteile aktiv sind. Unter Umständen wächst das geistige Potenzial auch gerade mit der Fähigkeit, bestimmte Aktivitäten, die von einer Aufgabe eher ablenken, herunterzufahren.

Und wie viel „Gehirn" ist nun normalerweise aktiv? Das lässt sich relativ schwer in Prozent angeben. Das unterscheidet das Gehirn von einer Festplatte: Beim Computer kann ich leicht feststellen, dass ich nur ein Viertel meines Speichers benutzte und drei Viertel ungenutzt sind. Aber das Gehirn ist ja keine Festplatte, und man darf es sich auch nicht so vorstellen, dass einzelne in sich geschlossene Hirnareale aktiv wären und alle anderen ruhten. Sondern das Gehirn arbeitet oft so, dass viele entfernte Bereiche sich miteinander vernetzen. Erinnerungen zum Beispiel, Gedächtnisinhalte sind nicht an einem bestimmten Ort gespeichert, sondern entstehen eher durch Aktivitätsmuster, bei denen ganz entfernte Teile des Gehirns aktiv sind. Deshalb sind Prozentangaben schwierig und nicht sehr sinnvoll.

Bildnachweis

S. 11: NASA, ESA, H. Richer und J. Heyl
S. 33: Patryk Kosmider/Adobe Stock
S. 47, 48, 60, 62, 156, 176, 189, 209, 246: Ruth Hammelehle/Hirzel
S. 75: Anatoli/Adobe Stock
S. 111: Jupiterimages/Stockbyte/Thinkstock/Getty Images
S. 141: Gábor Paál
S. 159: Werner/Adobe Stock
S. 181: Caito/Adobe Stock
S. 221: 5second/Adobe Stock
S. 245: iStockphoto
S. 263: Brand X Pictures/Stockbyte/Thinkstock/Getty Images

Register

T

U

V

W

Z